刻印

国文化百科

刻印历史时代

李 奎 编著　胡元斌 丛书主编

汕头大学出版社

图书在版编目（CIP）数据

　　刻印：刻印历史时代 / 李奎编著. -- 汕头：汕头
大学出版社，2015.2　（2020.1重印）
　　（中国文化百科 / 胡元斌主编）
　　ISBN 978-7-5658-1566-9

　　Ⅰ. ①刻… Ⅱ. ①李… Ⅲ. ①印刷史－中国－古代
Ⅳ. ①TS8-092

　　中国版本图书馆CIP数据核字(2015)第019073号

刻印：刻印历史时代　　　　　　　　　KEYIN：KEYIN LISHI SHIDAI

编　　著：李　奎
丛书主编：胡元斌
责任编辑：宋倩倩
封面设计：大华文苑
责任技编：黄东生
出版发行：汕头大学出版社
　　　　　广东省汕头市大学路243号汕头大学校园内　邮政编码：515063
电　　话：0754-82904613
印　　刷：三河市燕春印务有限公司
开　　本：700mm×1000mm　1/16
印　　张：7
字　　数：50千字
版　　次：2015年2月第1版
印　　次：2020年1月第2次印刷
定　　价：29.80元
ISBN 978-7-5658-1566-9

前 言

　　中华文化也叫华夏文化、华夏文明，是中国各民族文化的总称，是中华文明在发展过程中汇集而成的一种反映民族特质和风貌的民族文化，是中华民族历史上各种物态文化、精神文化、行为文化等方面的总体表现。

　　中华文化是居住在中国地域内的中华民族及其祖先所创造的、为中华民族世世代代所继承发展的、具有鲜明民族特色而内涵博大精深的传统优良文化，历史十分悠久，流传非常广泛，在世界上拥有巨大的影响。

　　中华文化源远流长，最直接的源头是黄河文化与长江文化，这两大文化浪涛经过千百年冲刷洗礼和不断交流、融合以及沉淀，最终形成了求同存异、兼收并蓄的中华文化。千百年来，中华文化薪火相传，一脉相承，是世界上唯一五千年绵延不绝从没中断的古老文化，并始终充满了生机与活力，这充分展现了中华文化顽强的生命力。

　　中华文化的顽强生命力，已经深深熔铸到我们的创造力和凝聚力中，是我们民族的基因。中华民族的精神，也已深深植根于绵延数千年的优秀文化传统之中，是我们的精神家园。总之，中国文化博大精深，是中华各族人民五千年来创造、传承下来的物质文明和精神文明的总和，其内容包罗万象，浩若星汉，具有很强文化纵深，蕴含丰富宝藏。

　　中华文化主要包括文明悠久的历史形态、持续发展的古代经济、特色鲜明的书法绘画、美轮美奂的古典工艺、异彩纷呈的文学艺术、欢乐祥和的歌舞娱乐、独具特色的语言文字、匠心独运的国宝器物、辉煌灿烂的科技发明、得天独厚的壮丽河山，等等，充分显示了中华民族厚重的文化底蕴和强大的民族凝聚力，风华独具，自成一体，规模宏大，底蕴悠远，具有永恒的生命力和传世价值。

在新的世纪，我们要实现中华民族的复兴，首先就要继承和发展五千年来优秀的、光明的、先进的、科学的、文明的和令人自豪的文化遗产，融合古今中外一切文化精华，构建具有中国特色的现代民族文化，向世界和未来展示中华民族的文化力量、文化价值、文化形态与文化风采，实现我们伟大的"中国梦"。

习近平总书记说："中华文化源远流长，积淀着中华民族最深层的精神追求，代表着中华民族独特的精神标识，为中华民族生生不息、发展壮大提供了丰厚滋养。中华传统美德是中华文化精髓，蕴含着丰富的思想道德资源。不忘本来才能开辟未来，善于继承才能更好创新。对历史文化特别是先人传承下来的价值理念和道德规范，要坚持古为今用、推陈出新，有鉴别地加以对待，有扬弃地予以继承，努力用中华民族创造的一切精神财富来以文化人、以文育人。"

为此，在有关部门和专家指导下，我们收集整理了大量古今资料和最新研究成果，特别编撰了本套《中国文化百科》。本套书包括了中国文化的各个方面，充分显示了中华民族厚重文化底蕴和强大民族凝聚力，具有极强的系统性、广博性和规模性。

本套作品根据中华文化形态的结构模式，共分为10套，每套冠以具有丰富内涵的套书名。再以归类细分的形式或约定俗成的说法，每套分为10册，每册冠以别具深意的主标题书名和明确直观的副标题书名。每套自成体系，每册相互补充，横向开拓，纵向深入，全景式反映了整个中华文化的博大规模，凝聚性体现了整个中华文化的厚重精深，可以说是全面展现中华文化的大博览。因此，非常适合广大读者阅读和珍藏，也非常适合各级图书馆装备和陈列。

目 录

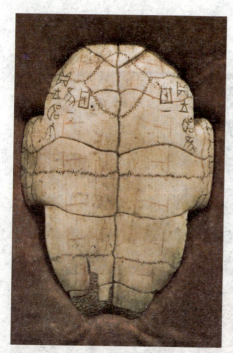

古老载体

版印纸书

印装插图

书业盛况

古老载体

　　汉字的产生为古籍的形成提供了先决条件，当汉字与承载材料结合在一起时，被称之为"书"，也就开始了古籍发展的历程。

　　从西周至春秋战国时期，是古籍发展历史上的最初阶段。在这一时期，殷商时期甲骨书、西周时期青铜书，以及春秋战国时期的石刻书、简牍书和缣帛书，无不巧借载体，体现了最初图书的不断变迁。

　　这些古代文献不仅承载着中华民族悠久的历史和灿烂的文明，更对后来承载汉字的载体及成书方式产生了深远影响。

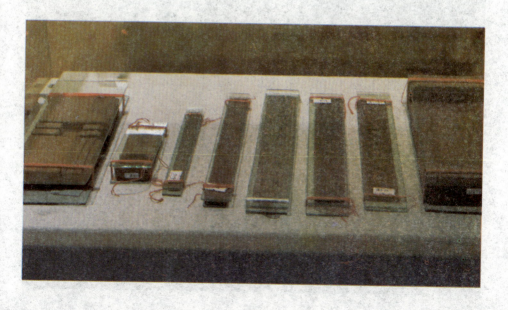

商代的甲骨文与甲骨书

　　殷商时期，汉字已经被人们用来记载日常生活中发生的事情。由于当时人们征服自然，改造自然的能力很弱，生活中的大小事情全凭占卜决定，依此来预测吉凶。

当时人们就地取材，以龟甲和兽骨为记录材料，把占卜的内容刻在龟甲或兽骨上。这样，我国最早的图书产生了，这就是甲骨书。

流传至今的甲骨图书，是清代光绪年间在河南安阳县城西北的小屯村发现的。小屯村北濒临洹水，殷商曾建都于此。安阳农民在洹水岸边劳作时，偶然间在黄土层下挖掘出许多龟甲兽骨，他们误以为是龙骨药材，就卖给了药铺。

1899年夏天，清代末期著名学者王懿荣，因患疟疾求医，所吃中药中有一味龙骨，无意中发现龙骨中划刻有古字。这一发现使他大为惊讶，便着手收集。

王懿荣是当时有名的金石学家，对古代文字研究有很深的造诣。龙骨上的奇异文字，引起他极大兴趣，并进行精心研究。后又经刘鹗、孙诒让、罗振玉、王国维等学者的研究，鉴定这是殷商时期的一种文书，故称"殷墟文"，又称"甲骨文"。

据后来发掘出土的实物来看，殷商主要用龟甲、兽骨为书写材料。当时的龟甲多产于南部，诸侯以龟作为贡品，呈献给朝廷。安阳出土的龟甲，经考证多产于长江流域和南方沿海各省。另外，殷人采用龟甲为书写材料，是因为龟甲有较宽阔而又光滑的表面可供锲刻。

此外，牛骨也是当时的刻字材料。在那个时候，牛不仅是主要的耕作工具，而且是重要的祭祀用品，殷人用牛祭祀神灵，免灾除祸，因此也就用所剩的牛骨刻字，记载事情。

甲骨是重要的占卜工具。人们在占卜之前，先把龟甲和牛肩胛骨锯削整齐，然后在甲骨的背面钻出圆形的深窝和浅槽。占卜时，先把要问的事情向鬼神祷告述说清楚，接着用燃烧着的木枝，对深窝或槽侧烧灼，烧灼到一定程度，在甲骨的相应部位便显示出裂纹来。

烧灼之后，占卜者根据裂纹的长短、粗细、曲直、隐显，来判断事情的吉凶、成败。然后，便用刀子把占卜的内容和结果刻在卜兆的近处，这种文字就是甲骨文，或称"卜辞"。

甲骨书文字是刻写的，有的填上朱砂或黑墨，商王朝第二十三位国王武丁时期的甲骨文字，还填有绿松石来装饰。

文字中最多的一类是代表实物的象形文字，如人体、动物、器皿等，它们不是简单的图画，而是一些约定俗成的符号，简单有力地表现出各种东西的特征。例如，表示动物的符号，都是极简单的线条，大都表示直立或侧影，头部在上方，以便直行书写，面部向左，因此多为自右向左的顺序。

其次是会意字，用符号表示意念而非实物。它们代表一个动作或一个方位或以其组合表示某种意义。

甲骨书的文字内容涉及很广，有天象，如日食、月食、晴、雨、风、雪等；有定期的预测，如卜旬、卜夕等；有预测即将发生的事件，如旅行外出、渔猎和战争；还有生、死、病、梦等人事的休咎以及对祖先、神灵的祭祀。比如有一个大的龟甲上边刻有：

丁酉雨，至于甲寅，旬又八日，九月。

这说明9月自丁酉至甲寅，连续下雨18天。这是一篇有关天气情况的文献。

又如武丁时期的一条卜辞文字，大意是说：戊午这一天占卜，史官问商王在龟兑这地方去打猎，能否擒获野兽，占卜的结果是能擒获。于是这一天就去打猎，结果擒获野兽若干。这是一篇有关田猎活

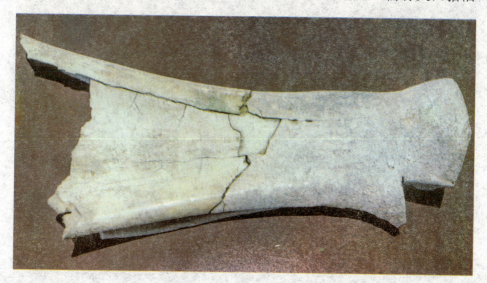

动的文献。

甲骨文在当时虽然不是作为书籍而制作的，但占卜者为了便于日后验证占卜结果而记录下来，表明它已经初步具备了书籍的增益知识、交流思想的性质和功能。

此外，甲骨文书不但有完整的内容和形式，而且刻辞的排列也很有规律。其章法布置毫无做作气，错落自然，浑然一体，变化无穷，一片天机，都体现了殷商时期高度的艺术技巧和艺术匠心。如果说它是我国最早的图书艺术，所言绝不为过。

在殷商时期，已经建有国家图书档案馆，当时叫做"龟室"，负责文献管理的史官叫做"贞人"。因此可以说，以甲骨为载体的古老文字形式，就是书籍的源头。

拓展阅读

甲骨文刻在龟甲和兽骨上，大都经过先写后刻的过程。从书法角度看，甲骨文大体分两类：一类笔画粗壮雄浑；一类笔画细瘦挺拔。

甲骨文均衡、对称、稳定、自然。尽管骨甲的大小、形状各不相同，但每片文字都因材而异，布局合理，显露出古朴的情趣。尤其宝贵的是，遗址中发现的殷人用墨写在玉片、陶片、兽骨上的笔迹，起笔粗圆，形似点漆，自然藏锋；转折圆润，住笔尖细，如横针、悬针。这些都给后世书法的变革提供了许多有益的启示。

西周时期金文与青铜书

殷商晚期，生产力得到了一定的发展，人们逐渐掌握了冶炼铸造等技术，于是，产生了黄金、铁、锡、铜等金属器物，其中以青铜器最为著名。青铜器不但是当时珍贵的器皿，而且还被用来记载文字，流传后世。因此，青铜器也是古代最重要的历史典籍之一。

青铜器的种类很多，按其底部形状可分为圆底、平底、瓠形底，底部用三四足支撑。这些器皿都由两部分构成，由圆形、方形或长方形配上造型的柄、足、盖等。以其用途来分，可分为彝器、乐器、

兵器、度量衡、镜、钱币、印章等。文字常刻铸于这些器物之上，被称为"金文"，也叫"钟鼎文"，统称为"铭文"。

铭文有的通过铸造，有的则是雕刻而成。商代和西周时期的铭文一般是铸于器皿上，较晚的铭文也有雕刻而成的。铭文不断演变成各种形体，通称"钟鼎文字"，在汉字书体上叫做"籀文"、"古文"或"大篆"。

铜器铭文字数多寡不一，多者可达三四百个。一般来讲，商代铭文简单，西周时期铭文繁多，而至春秋战国时期又趋于简单，至秦汉时期则很少发现载长篇铭文的青铜器了。

周王朝初年所用的金文从笔画到结构还都跟殷商甲骨文非常相似。周昭王以后，西周金文日渐成熟。代表作有周昭王时的《宗周钟》、周恭王时的《墙盘》等。此时金文书法的主要特点是：

笔画由蝌蚪尾巴形状渐变圆润，起笔、转换、收笔也多为圆笔；结体比周初金文更平正、更紧密、更稳定，也更有规律。章法方面开始注意到纵横的字距和行距，带界格的铭文章法更为严整，而字距、行距较大的则显得十分疏朗开阔。

目前所见铭文最长者要属西周晚期周宣王时期的《毛公鼎》，载字497个，它的篇幅相当于《尚书》一篇，被誉为"抵得一篇尚书"。

毛公鼎是西周晚期周王室嫡裔毛公所铸青铜器，清代道光末年出土于陕西岐山，即现在的宝鸡市岐山县。圆形，两个立耳，深腹外鼓，三蹄足，口沿饰环带状的重环纹，造型端庄稳重。鼎内铭文记载了毛公衷心向周宣王为国献策之事。其书法乃成熟的西周时期金文风格，奇逸飞动，气象浑穆，笔意圆劲茂隽，结体方长。

在所有青铜器中，彝器的铭文最多。彝器又称"礼器"，它的盛名与当时社会的礼乐制度休戚相关。礼器用来祭天拜祖、宴请宾客、赏赐功臣、记功颂德、死后随葬。在青铜礼器中，鼎最为重要。它不仅是一种祭祀器具，而且是江山社稷的象征。

当时的治国者凡遇重大事情，必铸造铜器一件，并把那桩盛事记于青铜器上，其目的是长久保存。据《礼记·祭统》记载：

夫鼎有铭，铭者自名也。自名，以称扬其先祖之美，而明著之后世者也。

周代的铭文脱胎于甲骨文，但字体较甲骨文定型，而且逐渐走向规范。铭文可以灵活自如地表达思想、描绘事物，其笔画形状也发生了变化，线条不似甲骨文的瘦硬，尽是直笔，出现了圆笔，字体匀称，大小整齐划一，标志着一字一音的符号性质取代一形多义的图画性质的汉字新时代的到来。

从青铜考古实物来看，铭文的内容极为丰富，涉及当时战争、盟约、条例、任命、赏赐、典礼、奴隶等社会生活的方方面面。

比如，西周初年的一件礼器，内底有铭文4行32字，是记载周初周武王伐商的唯一记录。再如，西周中期铜器《盠方尊》铭文，记载周懿王命盠不但要统帅护卫王室的"西六师"，而且还要兼管镇抚东夷和统治东方的"殷八师"或称"周王八师"。这些记录与禹鼎、大克鼎、勿目壶相同。

青铜器上的花纹、浮雕、半浮雕等各种装饰，具备了那个特有的历史面貌和时代风格。因此，这些饰纹同样是青铜书的重要组成部分。

青铜器的艺术装饰大多采用动物的形象，自然界中的动物，其中有许多与人类的生产、生活关系极为密切，如：鱼、蛙、龟、蚕、羊、牛、象、鸟等。在各种动物纹样中，最具特色的是兽面纹，流行于商代及西周早期。

兽面纹所表现的动物

其重要特点是：眼睛巨大，凝视，大嘴咧开，口中有獠牙或锯齿形牙，额上有一对立耳或大犄角，并有一对锋利爪子。这种形象以表现动物的头部特征为主。这类饰纹被后来宋代学者称为饕餮纹。

据古代神话传说，饕餮是神人缙云氏的一个"不才子"。它非常贪吃，吃到把人塞在口中，但无法咽下去，终于害了自己，变成了有头无躯的怪物。古代儒生认为，西周鼎中有这种饰纹，其目的是让人们知道因果报应的道理。

在各种饰纹中，龙和凤常常出现在青铜器的表面上。龙的古老神话传说和"大禹治水"的故事有较密切的关系。禹是当时的半人半神的治水英雄，这种虚构的龙的传说，乃是古人对克服水灾的幻想的形象化。

在远古时代，治水是农业生产的一大问题，而当时人们屈服于自然的压力，只能借助想象的神物来制服洪水。后来，龙被当作水神来崇拜，象征水。《考工记·画缋之事》谈到衣上的绘画时说："水以龙。"龙的传说影响深远，至今不衰。

凤在青铜器中的表现为华丽的鸷鸟，也是虚构之物，商代人认为玄鸟是自己的始祖，所谓"天命玄鸟，降而生商"，这充分表明了商代以玄鸟为图腾，而玄鸟就是凤。凤鸟又是风神，农作物的生长与风有关，所以对凤的崇拜就是对风这一自然力的崇拜。

青铜器上的纹物除以上述及外，还有几何纹、有关人物活动的饰纹，如有关宴乐、舞蹈、狩猎、攻战、采桑等。人物画像反映了当时贵族社会的生活，开了后来秦汉时期画像石和画像砖的先河。

总之，青铜器的铭文记载了许多古代文献，而青铜器上的饰纹也反映了当时的许多信息。由于铭文和饰纹在我国古籍历史上占有重要地位，影响深远，故被后人称之为"青铜器的书"。

拓展阅读

夏王朝初年，夏王大禹划分天下为九州，令九州州牧贡献青铜，铸造九鼎，将全国九州的名山大川、奇异之物镌刻于九鼎之身，以一鼎象征一州，并将九鼎集中于夏王朝都城。反映了全国的统一和王权的高度集中，显示夏王已成为天下之共主，是顺应"天命"的。

商代时对鼎曾有严格的规定：士用一鼎或三鼎，大夫用五鼎，而天子才能用九鼎，祭祀天地祖先时行九鼎大礼。因此，"鼎"很自然地就成为了国家拥有政权的象征，进而成为国家传世宝器。

先秦时期石鼓文与石刻书

　　除了用甲骨书和青铜书外，古人又有了新的发现，这就是在石头上刻字。

　　石头乃天然之物，来源甚广，又大又重，难于毁弃，刻写面积大，易于模拓，因此它是一种理想的廉价的书写材料。于是，人们把石头也当作书写材料，甚至将整篇作品或整部著作刻于石上，供人阅读和拓印。刻在石头上的文字作品，被称为"石刻书"。

　　以石为书跨越了漫长的岁月，其中大致包括：石鼓文、碑刻、摩崖文字、石刻经文、玉刻，以及由刻石兴起而出现的拓印技术。

石鼓文，也称"猎碣"或"雍邑刻石"，是我国现存最早的石刻文字。石鼓文是在唐代初期发现的，共10枚，分别刻有大篆四言诗一首，共10首，共计718个字。

石鼓文无具体年月，它的内容最早被认为是记叙西周时期第十一代君主周宣王出猎的场面；也有人认为它作于秦惠文王之后，秦始皇之前；还有人认为它是汉代或者魏晋时期的作品。其中"先秦说"被多数人认可。

唐代初期在陕西凤翔考古挖掘所得的石鼓文，被认为是战国时期秦国的石鼓。该批石鼓形状并不规则，底大而平，顶略小而圆，四周刻有文字。石鼓共10个，每个鼓记载文字自9行至15行不等，每行刻有5至7个字。

石鼓上刻有诗歌，其中有一首四言诗歌是歌颂美好的田猎宫囿：

吾车既工，吾马既同；吾车既好，吾马既宝。

诗歌字体是篆书，后人把石鼓上的这种文字称"石鼓文"。

石鼓文的字体，上承西周铭文，下启秦代小篆，具有重要的价值。横竖折笔之处，圆中寓方，转折处竖画内收而下行时逐步向下舒展。其势风骨嶙峋又楚楚风致，确有秦代那股强悍的霸主气势。然而更趋于方正丰厚，用笔起止均为藏锋，圆融浑劲，结体促长伸短，匀称适中。古茂雄秀，冠绝古今。

石鼓文是集大篆之大成，开小篆之先河，在书法史上起着承前启后的作用。石鼓文被历代书家视为习篆书的重要范本，故有"书家第一法则"之称誉。

石鼓色质灰暗坚硬，表面粗糙，凿成鼓状，谓之"碣"。而汉代以后，刻石的形状由圆柱形变成长方形，表面打光磨平，宜于刻字，称为"碑"。

古时碑长一般一米至五六米不等，通常分上、下两部分，上部刻有碑名，以龙、虎、飞鸟为饰物，下面刻写死者的姓氏、生辰，反面有子孙姓名。

为防止巨重碑沉陷土中，往往另制一块长方形或方形的平面石版，依照石碑的宽度和厚度，刻成一个凹入的槽，将碑石嵌入槽中，来增加碑底面积，使石碑不易下沉。铺在底下的石版称"碑座"。

唐代大碑或御碑，碑座都刻成一个巨大的赑屃。在赑屃上凿一个槽，将碑身立植于槽

中。赑屃又名霸下，是龙王九子之一，因他力大无比，喜欢负重，后人根据这个神话，用其作为碑座。

石碑用来记载历史大事，或纪念逝去的人物，以留传后世。通常竖在纪念地前、建筑物的庭院内，或立于坟前。石版立于地上为"碑"，置入墓内为"墓志"。

除碣、碑石刻之外，也有刻字于崖壁之上的，称为"摩崖"。大凡名胜古迹，常有古代名人志士的诗文及游客游兴即发之作，题刻于崖壁之上。现有记录的较早的摩崖文字，是夏禹的《岣嵝铭》和西汉初的《赵王群臣上寿》。

《岣嵝铭》又称《禹碑》、《岣嵝碑》、《禹王碑》。原在湖南省衡山县，现置绍兴禹庙。相传为大禹治水时所立，因史料记载母碑位于衡阳岣嵝，又名"岣嵝碑"。

碑文分9行共77个字，文字如蝌蚪，既不同于甲骨和钟鼎文，也不同于籀文，文字奇诡，文字有走样甚至出现笔误，但确是有所根据，并非向壁虚造，为春秋战国时期刻石。而碑文的具体内容一直被古文字学家争议考证了几百年。有学者认为这是大禹治水的记功碑，但也有学者通过研究认为，这是后世人之的一篇登高祭山之辞。

　　《赵王群臣上寿》也称"赵王摩崖刻石"。清代道光年间杨兆璜发现于河北永年县西南的猪山，失藏。此石为汉代赵王遂的属下为他献寿的刻石。

　　此刻石为汉代作品，因为它是现存发现汉代篆中最早者。用笔圆而转折方，与秦汉时期古隶相融洽，书法古拙自然，仪态朴茂雄深。由此可窥篆隶间嬗变的端倪。

　　此外，还有陕西褒城县褒谷中的《鄐君开通褒斜道摩崖刻石》。褒斜道是秦蜀要道，在褒城东褒水上。西岸山崖，拔地而起，没有道路。秦汉时期在山上修建阁道，即栈道，以通行人。阁道容易损坏，容易发生危险，故常要修葺。

　　东汉明帝时，汉中郡太守鄐君奉命诏书修治阁道，就在崖壁中刻了这一篇记录。从此以后，历次修路，都有摩崖记录，如《石门颂》、《西狭颂》等。

　　5世纪起，许多佛教圣地兴起开凿佛像石窟的风气，有山西云冈石

窟、河南龙门石窟，及甘肃敦煌石窟，都刻有许多佛教塑像。其中塑像最大，刻文最长的是龙门石窟。在该窟现存的2000多件施主的题名中，约有半数刻于7世纪之前。

龙门山上有大块摩崖10多处，其中最著名的是唐代书法家褚遂良写的《伊阙佛龛碑》，这是唐代刻石的名品，此外有《心经》、《涅槃经》，都是初唐时刻写的精美小楷。

泰山上也有历代摩崖文字，最著名的有两处：一处是经石峪的佛经，北齐时所刻；一处是唐玄宗李隆基亲笔写的《纪泰山铭》，这两处都是大字深刻，气象雄伟。

经文世代相传，全靠手工抄写，加上各家经师注释各异，难免混淆不清。东汉时期，文学家蔡邕于是奏求正定"六经"文字，得到了汉灵帝的赞许。

蔡邕用丹笔把经文亲自书于石碑，由石匠陈兴等镌刻，共刻了"六经"，即《易经》、《书经》、《诗经》、《仪礼》、《春秋·公羊传》和《论语》。这就是著名的《汉石经》，因刻石起于熹平年间，故世称《熹平石经》.

《熹平石经》共有46通石碑。现存残碑每面36至40行，每行为70至74字，字里行间无空格，段与段之间用点或空格分开，仅有极少数段落另起一行。石刻完成后，立于洛阳太学门前。

东汉时期石经的刻写，是学术史上一件空前的壮举。自2世纪至18世纪，石刻经书历久不衰。其中最有影响的石刻有《魏石经》及《开成石经》。

《魏石经》于240年至248年，三国时期魏明帝正始年间着手刻制。由嵇康等人主持，重刻两部半石经，即《尚书》、《春秋》和《左氏传》，其中《左氏传》没有刻完，碑文用古文、篆文、隶书3种不同字体完成。

《魏石经》与《熹平石经》不同之处，在于《魏石经》的每一个字都用3种字体书写，所以又叫《三体石经》，也称《三字石经》，因此历史上把与《魏石经》相对的汉石经称为《一字石经》。

《魏石经》的出现，明确了古文、篆文、隶书三者的关系，对后世经学与文字学研究提供了珍贵的历史文献。

《魏石经》于241年刊立，分载于35通石碑，每碑约4000字，总字数约14.7万字。它立于《熹平石经》西面，太学讲堂之东，成"L"形，排列长度约70米。

837年，又在《魏石经》上刻了12种儒家经典，这就是《开成石经》。这些石碑都由唐文宗的宰相郑覃以当时流行的楷书写刻。《开成石经》在学术界有一定的影响，后来用木版雕刻儒家经籍，就以它作为底本。

儒家刻石，主要用以弘扬其学术思想，同时对其他学术的传播也产生很大影响。后来出现的佛家刻石和道家刻石，它们虽然较儒家刻石稍晚，但在数量与规模上，更显宏伟。

　　道家经典的刻石比儒家为晚，以《道德经》为多。唐代以来，《道德经》的石刻至少有8次，最早的于708年刻制，立于河北易州。随后的道家刻石有：739年立于河北邢台的《道德经》幢，880年立于江苏焦山的《道德经》幢。

　　古代玉刻也是古籍的形式之一。在古代，玉也是一种书写材料，书写的玉简长方形的称"圭"，刀形称"笏"。上等美玉为皇帝专用，次等供臣使用。

　　玉在当时十分珍贵，深受达官贵人青睐，现知最早的有刻文的古玉，出自河南安阳殷墟。其中有一玉符，刻有3字，可能是商代官员的通行证；另一件小玉饰，刻有11字，分两行书写，是商王赏赐给臣子雕的。还有玉鱼一条，朱文书写，用以辟邪。

　　玉简在古代用作封禅王位、祭祀书写、盟书材料。据说汉高祖封禅所用玉简上刻有170个隶体字。

　　盟书是古代天子与诸侯之间、诸侯相互之间及诸侯与士大夫之间为政治利益相互约束，向神盟誓时写在石上的载辞。盟书又称"载书"。

　　在古代每遇大事，必举行集合，订立公约，对天立誓。盟誓时，先写载辞，杀牲畜，立盟之后，盟辞一式两份，一份要保持在专门管理盟誓活动的机构盟府内；另一份埋入地下。春秋后期，奴隶制度动摇，战事连绵，天子说话失灵，诸侯活动频繁，盟誓之风大盛。

1965年，在山西候马晋国都城遗址陆续出土玉简一批，共数百件。载文最多的为220字左右。据考证，此为春秋时期盟誓活动的"盟书"，被称为"候马盟书"。

这是一种特殊的文字记载，它为研究春秋后期奴隶社会向封建社会过渡的阶级斗争，以及了解古代盟誓制度和书法艺术等提供了重要的实物资料。

由于刻石的兴起，才出现了拓印技术。石面上所刻的字，都是正面凹入，可先将一张薄纸用矾及白芨水浸泡，贴在刻石的表面；以软刷将纸刷匀，再轻轻捶打，将纸嵌入铭文的笔画之内，待纸干后，以细布包裹棉花做成的拓包，蘸以墨汁，将它在纸上均匀捶拓，将纸剥下来，便得到了相同的复本。这一操作过程就叫"拓"。

用墨汁者称"墨拓"，用红颜料者称"朱拓"。单张叫"拓片"，装连起来叫"拓本"。

据《隋书·经籍志》的记叙，隋代皇家藏书楼拓石文字，以"卷"为单位，包括秦始皇东

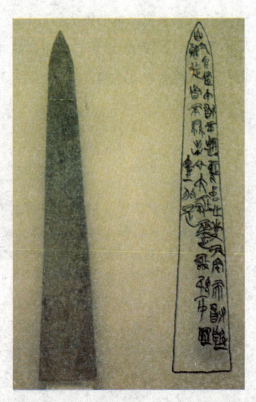

巡会稽的石刻一卷，《熹平石经》残文34卷，《魏三体石经》117卷，并述及梁室所藏石刻文字，在隋时已散佚。表明拓本在隋以前便已经出现了。

一般认为，拓印广泛使用当在南北朝时期，从《旧唐书·职官志》、《新唐书·百官志》的记载中可以得知，唐代宫廷中还有专司拓印的"搨书手"，如718年，唐代集贤书院就有搨书手6人。

现存最早的拓片，一般认为是敦煌发现的唐太宗手写刻石《温泉铭》，是654年所拓。敦煌石窟内还有9世纪的拓本《金刚经》，还有欧阳询的《化度寺碑》等。

拓本成为一种图书类型，后期的主要作用已不再是传播知识，而是书法艺术借以流传的一种特殊类型的图书，书法爱好者可从拓本中掌握古代著名书法家的技法和艺术。

总之，从先秦开始，上述这些不同形式的石书，经后世不断发展，更加完善，在古籍发展史上占有重要地位，并产生了深远影响。

拓展阅读

龙门石窟位于洛阳市南郊伊河两岸的龙门山与香山上。开凿于北魏孝文帝年间，之后历经东魏、西魏、北齐、隋、唐、五代、宋等朝代连续大规模营造达400余年之久，存有窟龛2345个，造像10万余尊，碑刻题记2800余品。

龙门石窟延续的时间长，而且跨越朝代多，以大量实物形象和文字资料从不同侧面反映了古代政治、经济、宗教、文化等许多领域的发展变化，对我国石窟艺术的创新与发展作出了重大贡献。

汉代以前的简牍与简牍书

先秦记录文字的材料从甲骨、青铜到石头，不断更替变化，后来又出现了简牍。其实，在纸发明以前，古代书籍的最主要形式则是简牍。简牍，是对古代遗存下来的写有文字的竹简与木牍的统称。用竹片写的书叫做"简策"，而用木版写的书叫做"版牍"。

《仪礼·聘礼》说：

百名以上书于策，不及百名书于方。

意思是说，超过100字的长文，就写在简策上，不到100字的短文，便写在木版上。

据考古实物发现及古书记载，写在木版上的文字大多数是有关官方文书、户籍、告示、信札、遣册及图画。由于文字内容有异，其称谓有别。

如军事的文书叫"檄"。用于告示者称之"榜"。将信写于木版，然后再加一版叫做"检"。在检上写寄信人和收信人的姓名，地址叫做"署"，这是信封的起源。

然后将两版合好捆扎，在打结的地方涂上黏土，盖上阴文印章，在黏土上出现凸起的字，这就是"封"，使用的黏土叫"封泥"。由于写信的木版，通常只有一尺长，故信函又叫"尺牍"。

笺是古代一种短小的简牍，是供读书者随时注释的，它系在相应的简上以备参考之用。现在人们所说的笺注就是起源于此。

简牍因制形不同，用途不同，称呼甚多，但从策、简、籍、簿、笺、札、检、椠等从竹、木字形上，都反映出简牍的制成材料。

竹简在西北出土较少，也许是因为西北天气干旱，不适宜竹子生长。而南方气温湿润，竹材丰实，因此竹简的出土主要在南方，如1999年在长沙走马楼出土的三国吴简，多达10万枚。

版牍多用松木。《太平御览》卷606扬雄《答刘歆书》写道："铅擿松椠。"松椠就是松木制成的木牍。其次还有青扞、毛白杨、水柳和柽柳。这些木类，色白质轻，易于吸墨，可随地取材，自然被广泛用作书写材料。

竹木要进行加工，才能进行书写。首先片解竹、木成条状，然后进行刮削，使其平整划一，棱角分明，书写的一面要求光滑、平整。

后来东汉时期思想家王充在其《论衡》一书中对竹木制作方法已有描述：

> 竹生于山，木长于林，截竹为简，破以为牍，加笔墨之迹，乃成文字。
>
> 断木为椠，析之为版，力加刮削，乃成奏牍。

竹简较木牍的加工要繁琐，因竹有节，内空，简条的宽度受竹简粗细的限制。用于书写，必须经过杀青阶段，杀青就是去青皮，用火烘烤，高温处理可防虫蛀，写字不渗晕。

由于在烘烤中，竹面会有水珠浸出，故谓"汗青"，又称"杀青"。由于竹简杀青之后，才能正式书写，故后世多称书籍定稿为"杀青"。

简牍在经过以上刮削、磨平、杀青后，就可以正式书写了。用于简牍的书写工具有笔、墨、刀、削。刀、削既是整治竹木简牍的工具也是书写的工具。

书写简牍时，刀与笔的关系很密切，所以战国、秦汉时期，刀与笔常常连用，并且以此形容朝廷中掌管文书的官吏。《史记·萧相国世家》说："萧相国何，于秦时为刀笔史。"

简牍上的文字一般用笔墨书写，刀的主要用途是修改错误的文字，并非用于刻字。对写错文字的修改方法，主要是削改，即用刀削去表面一层错误之处而再写。

简牍文字的字体，也有多种。先秦时期简牍，多用古文、篆文。秦始皇统一天下后，通行隶书，字体变圆为方，于是公文、信函多用隶书。如湖北云梦出土的秦简，均以隶书书写。汉代沿用隶书，汉简上的字体也多为隶书。

简是古代书籍的基本单位，相当于现在的一页。简牍上书写的行

数与字数，各有不同。通常只书写一行在简牍的正面，有时也有两行或正反两面都书写。

　　在敦煌发现的简牍中，有汉元帝时黄门令史游所作《急就章》一书，每简书写一章，共63字。它们是棱柱形木简，三面有字，每面一行21字。另一简有两行字，一行32字，一行31字。长沙出土的竹简，每简长度大致相同，每简有两字至20字不等。

　　就出土的实物考察，简牍年代起于战国时期，下迄魏晋，简牍作为这一时期的书写材料，反映了这一时期社会政治、经济、军事、文化等方面的情况。包括私人信件、公事往来、文书、历谱及送葬的遣策、通行证、契约文书、名籍、账册、诏书等。

　　简牍中记载的许多古代书籍，对于校勘、考订提供了最好校本，还能补缺一些早已遗失的古代书籍，丰富文化宝藏，是我国古代的珍贵遗产。

　　比如甘肃武威磨咀子汉墓中出土的简牍经书；山东临沂银雀山汉墓出土的竹简兵书《六韬》、《尉缭子》、《孙子兵法》、《孙膑兵法》，以及《管子》、《晏子春秋》、《墨子》；甘肃省武威汉墓出土的简牍医书等。

简牍的编连是古籍加工技术，有的先编后写，有的先写后编。甘肃武威磨咀子出土的《仪礼》，凡编绳所过之处都空格不写，更为明显的是乙本《仪礼》第三十四简，在简未穿绳地方，还余一个字，为了避开编绳，就在穿绳之下补了一个"为"字。这说明这些简牍是先编后写的。敦煌出土的《永元兵物册》上面的字有些被编绳盖住，是先写后编的。

编连工作开始，先把一枚一枚的简牍收齐，然后根据内容，决定编多少枚简，再根据简牍的长短，决定编几道编绳，编绳一般一至多道不等。编连的材料主要是丝绦、麻绳及皮条。

《史记·孔子世家》记载，孔子晚年谈《易》、"韦编三绝"。韦编三绝是指孔子学习用功很勤，编连的绳子都被他翻断三次，至于

用"学富五车"来形容孔子学识渊博，这确实并不夸张。

把简牍按册、按篇编连以后，还得加上简牍的顺序编号。例如，甘肃武威出土的《仪礼》简，每支简下面都有编号。编号就相当于现在一本书的页码。

编连好的简牍被捆成一捆或折成页形，每册简相对，如现今的书籍的册页形式。捆扎的方式以横捆居多，其次是竖捆，十字形捆扎。

简牍文件的封存，以一名

为"封面"的木片捆扎于文件之上，以封泥敷于书绳，再施以封印，然后发送。受文者的名字及文件内容摘要，通常写在封面上。封面上封印之处，则刻一方形凹沟，贮以封泥，名为"印齿"。

封面只能用于一个单独的文件，数种文件同时发送，则封以布质或丝质的书。各种颜色的书囊表示不同的发送方式，红色与白色是急件，绿色是诰谕，黑色是普通文件。书囊多为方形、无缝，文件从中央开口处放入。袋的两端折转，盖在中央封口上，捆上书绳，敷上封泥，再盖上印章。

一枚简牍称为"简"，通常写一行直书文字。字数较多的则写在数简上，编连在一起了才称之为"册"。长篇文字内容成为一个单位

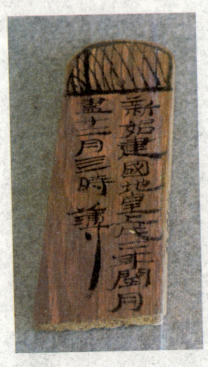

的叫做"篇"。

"册"表示一种文件较小的形体单位，"篇"则表示较长的内容单位，一"篇"可能含有数"册"。此外，一篇或数篇可为一卷。

从简牍开始，古代的书籍开始具有了一定的形制，这对我国书籍文化产生了极为重要和深远的影响。如：后世书籍一直沿袭的自右至左、自上而下的文字书写顺序；现今仍使用的一些书籍单位、称谓、术语等，以及版面上的"行格"形式，都可远溯至此。

拓展阅读

1972年11月，甘肃省武威县杉树乡下五畦村在兴修水利时挖掘出一座汉墓，发现简牍92枚，其中木牍均为杉木、杨木，墨书，这是一批医书。医书简，大多在简首标明医方名称，下书药味、药量、治疗和用药方法。如针灸、注针灸穴位、针刺深度、留针时间，以及针灸后服药禁忌等。

此次简牍上记载有30个完整医方，分属针灸科、内科、外科、五官科、妇科。这些医简，为我们了解汉代医学发展水平，医药状况，辑佚古医书，都提供重要材料。

先秦时期至汉代的缣帛书

缣帛书是简策装书以后的一种用丝织品做材料写成的书。《墨子》中提到"书于竹帛"，就是指在用竹简的同时又有用缣帛写书的。

缣帛使用同样跨越了漫长的岁月。从春秋战国至汉代，缣帛书与

简书并存并一道发展，共同构成我国古代独具特色的简帛文化。

竹简虽然廉价，制作方便，但这种笨重的书籍携带不便，而且每简容字有限，编简成册的长篇著作一旦散乱，则发生"错简"。再说简牍的编连所用的丝带、麻绳、皮带易被磨断，使阅读带来困难。而用缣帛做书写材料则弥补了简牍的不足。

缣帛是丝织物，材质轻软平滑，面幅宽阔，易于着墨，面幅的长短宽窄可以根据文字的多寡来剪裁。而且可随意折叠或卷起，收藏容易，携带方便。

我国是世界上最早养蚕与制作丝织品的国家。在商代遗址中，发现过黏附在青铜器上的精美的丝织物遗迹，这说明当时已有较为先进的织丝技术。至春秋战国时期，丝织技术有了更高的发展，丝织物比较普遍。

现存最早的帛书，1942年9月发现于湖南长沙子弹库楚墓，是春秋战国时期唯一的完整帛书。根据出土的帛书残片分析，可能原有帛书4件。其中完整的一件图文并茂，中间部分有两组方向相反的文字，一组13行，一组8行。四周有图像及简短的注文。整个帛书共900多字，内圆外方，修饰紧密。

此外，子弹库帛书上绘彩色图像及类似金文说明文字，四周绘12个神像，象征12个月。这被认为古代图书插图中较早遗存，对后世的影响是不言而喻的。

考古工作者还曾经在湖北江陵战国时期墓中发现了大量丝织物，有绢、纱、罗、锦等。其织造质量、图案设计和品种之多，锦上图案保存之完好，令人惊叹。

由此说明，至少在春秋时期就已经在缣帛上着文字了，凡有纪念

意义和重大事情，多书于帛，而价廉易得的简则用于普通的书写材料。

缣帛书的形态，一般是一篇文章为一段，每段叠成一叠或卷成一束，称作"一卷"。如今的图书中所谓的"卷"，就来源于此。后来发展为在缣帛的下端或左端裹上一根木轴，作为支撑，既挺括又易查找。缣帛书实际上是卷轴装的前身，也是卷轴装的一种。

从已出土的缣帛实物分析，缣帛图书的内容大致分为：信件、绘画、书籍3种。

我国出土的帛画较多。如长沙的战国时期楚墓中出土的一件帛画，画有炎帝、祝融、帝俊等名人，都是古代传说中的重要人物，或是黄帝的亲属或后裔。文字四周有神秘图像，有树木、鸟兽及奇形怪状的人物。四季名称用青、朱、黑、白四色绘制。画四周有12种像，代表12个月，每像下注明神名、职司及该月宜忌。

长沙另一楚墓还发现一幅人物帛画，原贮于一漆棺中，与其他陶俑放在一起。帛上画一侧面细腰妇人，呈土褐色。妇人向左而立，长衣曳地，头后有髻，发上有冠。图中妇女合掌祈祷状，头顶上有一鸟

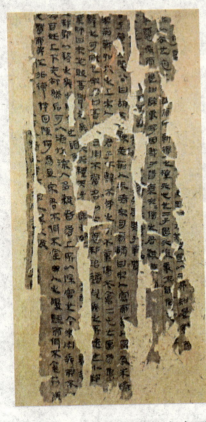

及一异兽。据说鸟代表凤，兽是夔。凤是生命、婚姻、幸福的象征，而夔则代表死亡、饥饿、邪恶，凤夔象征着生命与死亡的斗争。

另有一幅人物御龙帛画，细绢质地，金白粉绘。画中有一男子，手持缰绳，驾驭一条巨龙。龙尾上站着一鹤，昂首仰天，画的下角有一条鲤鱼。这幅帛画反映了战国时期盛行的神仙思想，是迄今发现用白描粉彩画法的一件最早作品。

由于缣帛作书写材料，价格昂贵，所以它的使用当限于达官贵人。由于缣帛用于书写并不普遍，故在古代帛书实物发掘中，缣帛载有的文字不是很多。

就楚墓帛书的书法艺术而言，其排行大体整齐，间距基本相同，在力求规范整齐之中又现自然恣放之色。其字体扁平而稳定，均衡而对称，端正而严肃，介于篆隶之间，其笔法圆润流畅，直有波折，曲有挑势，于粗细变化之中显其秀美，在点画顿挫中展其清韵，充分展示作者将文字艺术化的刻意追求。

至西汉初期，丝织物已畅销全国，供人们制作衣服，帘帷，篷帐等。东汉时期，缣帛已广泛用于书写。《隋书·经籍志》就记载有："董卓之乱，献帝西迁，图书缣帛，军人皆取为帷囊。"军人将大的缣帛用作帐篷，小块的用作提囊。可见，东汉时帛书数量之多。

长沙马王堆汉墓中出土的各种颜色的丝织品中，有绢、罗、纱、锦、绣、绮等，而最珍贵的是覆盖在棺上的一件彩色帛画。该画用朱砂、石青、石绿等矿物颜料绘成，色彩绚烂。画面大致分上、中、下3部分，表示天上、人间、地下的景物，其内容及技术，较战国帛画更为复杂多姿，但无文字。

长沙马王堆汉墓中发现的10多种帛书，共20余万字，黑墨书写，字体为小篆和隶书，是公元前2世纪或更早时期的作品。

这些帛书包括《老子》抄本两部，《老子甲本》为汉高祖时的抄本，《老子乙本》为汉惠帝时的抄本。每部分上下篇，次序恰与传世的本子相反。今本《道经》在前，《德经》在后，故《老子》又名《道德经》；而新发现的帛书则《德经》在前，《道经》在后。

另有《战国策》一部，约1.2万字，大部分内容是今本没有涉及的。还有《周易》，也比今本多4000多字，而且六十四卦与今本不同。帛书中有整部佚书，被定名为《战国纵横家书》28篇，是记载战国时期苏秦、苏代等人的言行，约1.1万字，大都不见于今本《战国策》和《史记》，为校证有关苏秦史料，提供了大量新的历史资料。

有关科学方面的《五星占》，用整幅丝帛抄写而成，约有8000字，前半部为《五星占》占文，后半部为五星行度表，根据观测到的景象，用列

表的形式记录了从公元前246年至公元前177年70年间木星、土星、金星的位置，以及这3颗行星在一个会合周期的动态。它反映汉代天文学已达到的水平。

此外，山东临沂的金雀山西汉初期墓中，也发现帛画一幅。全部的背景在天空、日月之下，帷幕之中，墓主及亲朋、仆从的歌舞、生产、游戏等生活情景。画中人物的衣着与长沙帛画相似，反映了楚国遗风，说明战国末期至西汉初期山东南部受楚国文化的影响。

古人把字写在缣帛上，一块就是一本书，比过去的简牍书拿起来轻便。这对后来造纸术的发明具有极大的启示意义，纸发明以后，字就写在纸上，陆续就发展成现在纸做的书。由此可见，缣帛书在我国古籍发展过程中起承上启下的作用。

拓展阅读

古代用作写字材料的缣帛是丝织物，而养蚕织丝技术，传说在公元前3000年嫘祖发明的。嫘祖是传说中的北方部落首领黄帝轩辕氏的元妃。她在为人们做衣冠寻找原材料时，发现桑树林里有一种虫子口吐细丝，受到启发，在她的倡导下，古代人开始了栽桑养蚕的历史。后世人为了纪念嫘祖这一功绩，就将她尊称为"先蚕娘娘"。

嫘祖文化是中华传统文化的宝贵遗产和精华，是世界丝绸文化的宝贵财富，也是东方女性文化的光辉典范。

版印纸书

　　秦汉和隋唐时期是封建社会发展的两个高峰，也都是统一的大时代。由于其间造纸技术的改进，使得这段历史异常活跃的思想文化有了理想载体，因而造就了我国古籍发展的历史性转变。

　　汉代造纸技术的不断改进，尤其是"蔡侯纸"的发明，对我国书籍发展的影响是划时代的。而隋唐时期雕版印刷术的发明，不仅加速了知识和信息的传播，也在很大程度上影响了书籍的装帧形式，促使书籍不断地变换着自身的模样，或卷、或折，就这样一路发展而来。

东汉时期纸质书的流通

蔡伦改进造纸技术后，东汉时期的纸质图书流通方式获得了重大进步。纸被用于民间进行通信往来，手工传写越来越普遍，国家藏书和私人藏书得到发展，市场上出现了专门的书肆。体现了我国古籍的巨大进步。

汉代曾经普遍以简帛作为主要书写材料。自从蔡伦独创新意，使用树皮、麻头、破布和渔网加工造成新"纸"后，纸就逐渐应用于民间通信活动中。

在新纸出现的初期，纸质的书并未完全取代简牍与缣帛图书，

究其原因，或是产量不够，或是人们思想观念尚未转变。随着社会经济文化的发展，人们充分认识到了纸张的优越性。

蔡伦纸也为书籍通过抄写实现流通创造了良好的条件。由于用纸抄写比较容易，使得文字、书籍的传播更加广泛。

《晋书·文苑·左思传》："于是豪贵之家竞相传写，洛阳为之纸贵。"这个"洛阳纸贵"的典故中说到的"传写"，就是汉代书籍流通的另一种重要方式。

造纸技术也促使了东汉时期图书收藏的兴盛。事实上，两汉王朝都比较注重知识，早在西汉初年，经过秦末战火，图书文献损失极为严重，"明堂石室，金匮玉版，图籍散乱"。汉高祖刘邦统一国家后，开始文治建设，曾3次征集和整编图书。

一是在汉代初期，汉高祖令萧何收集秦都秘籍；二是在汉武帝时，广开献书之路，除宫廷收藏以外，在宫廷之外建立了不少保管图书典籍的机构，如石渠阁、麒麟阁等。同时私人收藏也有了很大的进步；三是在汉成帝时的献书活动。

经过西汉官府这三次大规模的征书活动，使汉代图书收藏达到了一定的高度。"百年之间，书积如丘山"，"天下遗文古事，靡不毕集"，先后收藏于长安的文献达13500余篇。由于这些文献极为零乱，皇帝便令

人主持整编工作。于是出现许多"校书大家"，比如刘向与刘歆父子即为典型。

东汉时期的图书流通方式也和西汉时期一样，是国家藏书和私人藏书，朝廷沿袭了西汉时期管理图书中的制度，对国家所藏图书进行了严格控制，允许阅读者只能是皇帝、皇帝特许之人、编书者和校书人员。

此外，东汉朝廷召集过许多著名学者，利用国家所藏档案图书，撰写国史，如班固、蔡邕等，先后在国家图书馆东观，利用藏书，撰写《东观汉纪》。

同时，东汉时期，允许私人藏书，故当时的藏书家很多，藏书量也很大。据《后汉书》记载，班固、王和平、蔡邕等人，家中藏书甚多。由于东汉时期藏书事业的发展，"校书大家"郑玄即为典型。

造纸技术的改进，也促使了"书肆"的出现。通过东汉时期思想家王充的学习经历，可以看到当时洛阳这样的都市中图书市场的作用。《后汉书·王充传》记载：王充小时候就失去了父亲，因孝顺在乡里被称赞。后来到了京师，在太学求学，扶风人班彪做了他的老师。王充喜欢广泛的阅读书籍而且不摘章守句。由于家里穷，没有书可读，他常在洛阳的书铺上游走，看人家卖的书，看过一次后就能记住并背诵，于是，不久就广泛地通晓了众多流派的各家学说。

王充后来回到乡里，隐居从事教学。他完成的文化名著《论衡》，在学术史上具有里程碑的意义。他的学术基础的奠定，竟然是在洛阳书肆中免费阅读书肆中所卖的书而实现的。

东汉时期还有另一位学者荀悦，他的学术积累就是在书肆读书实现的。据史载，荀悦12岁能读《春秋》。因为家贫无书，每至书肆便饥渴阅读。荀悦后来成为著名的历史学者。他所撰写的《汉纪》，成为汉史研究者必读的史学经典之一。

汉代图书在市场的流通，表明书籍在纸张发明的推动下已经走向社会，并且有了与之配套的书写文书使用的文具。推想当时买卖图书已经有了大体确定的营业商和营业点。这也是文化发达程度的体现。

造纸技术的改进，促进了从通信、传写、藏书及书肆的发展，是文献流通方式的重大进步，也是文化史进程中的重大进步。

拓展阅读

石渠阁汉武帝时期的朝廷档案馆。自汉武帝"罢黜百家，独尊儒术"以来，儒家学说成为统治思想。汉宣帝时为了进一步统一儒家学说，于公元前51年诏萧望之、刘向、韦玄成、薛广德、梁丘临、林尊、周堪等儒生，在长安未央宫北的石渠阁讲论"五经"异同。由汉宣帝亲自裁定评判。

石渠讲论的奏疏经过汇集，辑成《石渠议奏》一书，又名《石渠论》经过这次会议，博士员中《易》增立"梁丘"，《书》增立"大小夏侯"，《春秋》增立"谷梁"。

两晋南北朝时的写本卷轴

　　随着造纸术的不断改进与提高，特别是由于社会经济文化的发展，纸书的数量与纸张的优越性被人们所充分认识。至两晋南北朝时期，纸张已成为主要的书写材料，纸本书完全取代了帛书。

西晋时期，文学家左思写《三都赋》，10年始成。这是历史上有名的"洛阳纸贵"的故事，它说明在西晋时期，纸已经普遍被用作书写材料了。

和汉代不同的是，西晋时期不仅贫寒者用纸，即使"豪贵之家"也竞相用纸，说明纸已不被看做一种低级的书写材料了。

403年11月，桓玄据有建康，即现在的南京，加自己的冠冕至皇帝规格的十二旒，接受晋安帝禅让帝位。不久即下令，即废除简牍，普遍使用纸张：

今诸用简者，皆以黄纸代之。

这是历史上治国者下令推广以纸代简的最早记载，对于纸的推广应用起着一定的作用。

其实，从蔡伦造出优质纸开始，纸抄本书籍就开始出现了，但当时使用面是很小的。随着纸张产量的增加，质量的不断提高，用纸作为书写材料，才逐渐地扩大应用。经历了几百年的发展过程，至南北朝时期，纸书已风行全国，纸抄本书籍，才完全代替了简牍和缣帛。在纸上抄写是南北朝时成书的主要形式。

两晋南北朝时期，由于纸的来源已经很充足，抄写又比较容易，

纸材取代简牍成为普遍采用的书籍材料，此后直至印刷术发明初期。事实上，从纸张发明至隋唐时期纸书的制作主要靠手写。

古代写本书用纸，多经过了染色处理，这主要是为防止虫蛀和腐朽。古代染纸用一种名叫黄檗的植物汁浸染纸张，黄檗汁色黄，有防虫蛀之特效，敦煌石室的经卷，保存了1000多年以后，尽管有破损，但纸张完好，无虫蛀现象。

抄写时，第一张纸起首空两行，先写书名，另起一行写正文。每抄完一书，在末尾空一行再写书名、字数、抄写人姓名、抄写时间、抄写目的、用纸数字，甚至连校书人、审阅人、制卷人姓名也一一附记。

内容较多的书，一张纸容纳不下，再用第二张纸继续抄写，纸的一面写满后，反过来在背面书写，一张一张的纸可按顺序连接，既可先写后接，也可先接后写，写完书的长纸，从左向右卷成一纸卷。

随着图书传抄做法的盛行，对书籍装帧也开始进一步考究起来。由于纸是简牍与缣帛的代替品，应用于书写之后，依然沿袭着卷轴的形式。因此，这一时期出现了卷轴装的图书。

当时的纸书的形式是卷轴式。卷轴式也叫"卷轴装"，其方法把若干张纸粘成长卷，用棒作为轴，粘于最后一幅纸上，并以此成为中心卷成一束。

古纸的宽度约24厘米，相当于汉制的一尺，长度约自41厘米至48.5厘米不等，约等于古制的两尺。因此，卷轴形式的书高度普遍为一尺，纸张可根据需要逐张粘接，一般在9米至12米之间，最长可达32米。为了模仿简牍的形制，古纸上都划有行格，恰好能书写一行文字。在纸与纸的接合处，往往有押缝和印章。

卷轴书卷的末端粘在轴上。轴多为刷漆的木轴，也有用象牙、珊瑚、玳瑁、紫檀木以及黄金等贵重材料制成的。

当书卷成一卷后，书的卷首就露在最外边，因此，常在卷首以锦缎制成"褾"，也叫"裼"或"装背"，现代人称之为"包首"，来加以保护。"褾"头再系上丝带，作为捆扎之用，叫做"带"，带常为丝质，带的颜色也因书籍内容的不同而相异。

为了便于书卷的保存，每5卷或10卷，或是用帙布包裹起来，或是装入书囊。包书的帙也称书衣，它的材质有麻、丝，也有用细竹帘做

的，并在里面衬以绢或布。

纸卷的书通常单面写字，此时卷面上已出现了"眉批"和"加注"形式的注释文字。在卷的末端，也多留有题跋的位置。敦煌遗书中，有的还在卷尾加注抄写日期以及抄写、校阅、监督等人员的姓名，已初具一些现代书籍的形制。

卷轴的存放方法是在书架上平放，把轴的一端向外，取阅时抽出，归还时插入。为了方便检索古人就在外向的轴头上挂上一个小牌，写明书名和卷数，这叫做"签"。

综上所述，我们可以提出这样的结论：蔡伦改进造纸技术后，纸已开始作为书写材料。随着纸的质量和产量的不断提高，纸作为书写材料越来越普遍。

但由于人们的习惯势力，至东汉末年，简帛仍占着主导地位。南北朝时期，纸质抄本才逐渐占了主导地位，并且已完全代替了简帛。以后至唐代中期，是纸质抄本书籍的全盛时期。

拓展阅读

左思为写《三都赋》，收集大量的历史、地理、物产、风俗人情的资料，大量的资料堆满屋子。收集好后，他闭门谢客，开始苦写。他在一个书纸铺天盖地的屋子里昼夜冥思苦想，常常是好久才推敲出一个满意的句子。

《三都赋》刚开始时并为被人认可，后来在名家张华和皇甫谧的推荐，很快风靡了京都，懂得文学之人无一不对它称赞不已。由于都城洛阳权贵之家，皆争相传抄《三都赋》，遂使纸价上扬，为此而贵。"洛阳纸贵"一时成了佳话。

隋唐时期的雕版印刷术

隋唐时期，随着社会文化的发展和科学技术的进步，纸抄本书籍已不能满足社会的需要。再加上佛教的兴盛，需要大量的佛经、佛画；同时科举制度的推行，也刺激更多的人读书。这就导致了隋唐时

期雕版印刷术的发明。

明代学者胡应麟曾经说：

雕本肇自隋时，行于唐世，扩于五代，精于宋人。

这是对印刷术发明、发展的精确概括。

雕版印刷的发明时间大致在隋代末期至唐代初期这段时间。雕版印刷的印品，刚开始时只在民间流行，并有一个与写本书并存的时期。

唐穆宗时，诗人元稹为白居易的《长庆集》作序中说："牛童马走之口无不道，至于缮写模勒，烨卖于市井。""模勒"就是模刻，"烨卖"就是叫卖。这说明当时的上层知识分子白居易的诗的传播，除了手抄本之外，已有印本。

由于唐代科技文化繁荣，印刷术在唐代取得了长足进步，印刷业已经形成规模。当时剑南、两川和淮南道的人民。都用雕版印刷历书在街上出卖。每年，管历法的司天台还没有奏请颁发新历，老百姓印的新历却已到处都是了。

不仅在当时印历书，还在印其他的书籍了。历史学家向达在《唐代刊书考》中说："我国印刷术之起源与佛教有密切之关系。"这个论断，充分证明了佛教僧侣对印刷术的发明和发展是有贡献的。

　　唐代的佛教十分发达，高僧玄奘曾西游印度17年，取回25匹马驮的大小乘经律论252夹，657部。当时，各地寺院林立，僧侣人数很多，对佛教宣传品需求量也很大，因此，他们是印刷术的积极使用者。在这个时期，出现了许多佛教印刷物，即是早期的印刷物。

　　早期的佛教印刷品，只是将佛像雕在木版上，进行大批量印刷。唐代末期冯贽在《云仙散录》中，记载了645年之后，"玄奘以回锋纸印普贤像，施于四众，每岁五驮无余。"这是最早关于佛教印刷的记载，印刷品只是一张佛像，而且每年印量都很大，但遗憾的是未流传下来。

　　现存最早有明确日期记载和精美扉画的唐代佛教印刷品，是考古工作者在1900年于敦煌千佛洞里发现一本印刷精美的《金刚经》，卷末刻印有"咸通九年四月十五日王为二亲敬造普施"题字，证明它是868年的雕版印刷品。《金刚经》是由雕版印刷、卷轴装订的，其全称为《金刚般若波罗蜜经》。

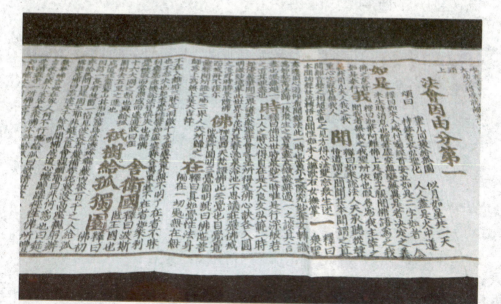

《金刚经》是我国现存最早最完整的插图书籍。在6块木版上雕刻经文，印在6张纸上，卷首加印一幅画，共7个印张，粘成一卷。

这件印刷品是由6个印张粘接起来的16米长的经卷，前边有一幅题为《祇树给孤独园》图画，内容是释迦牟尼佛在竹林精舍向长老须菩提说法的故事，弟子须菩提正在跪拜听讲。佛像的左右前后，立有护法神及僧众施主18人，上部有幡幢及飞天，还有伏地的狮子等，神态肃穆而生动，构图饱满而疏密有致。

经卷首尾完整，图文浑朴凝重，刻画精美；雕刻精美，刀法极为纯熟峻健，线条亦遒劲有力；而释迦及众弟子和天神等的形象，更具有中原画风的特色。

这是雕版佛画中，一幅非常珍贵的艺术遗产，它形象地说明我国在唐代晚期雕版艺术已达到了纯熟和精妙的程度。

雕版印刷需要先雕刻板材，这一时期已经具备了成熟的雕刻板材的技术。雕刻以杜梨木、枣木、红桦木等做版材。

一般工艺是：将木板锯成一页书面大小，水浸月余，刨光阴干，搽上豆油备用。刮平木板后并用木贼草磨光，反贴写样等待木板干透之后，用木贼草磨去写纸，使反写黑字紧贴在板面上，就可以开始刻字了。

第一步叫"发刀"，先用平口刀刻直栏线，随即刻字，次序是先将每字的横笔都刻一刀，再按撇、捺、点、竖，自左而右各刻一刀，横笔宜平宜细，竖宜直，粗于横笔。

接着就是"挑刀"，据发刀所刻刀痕，逐字细刻，字面各笔略有坡度，呈梯形。挑刀结束以后，就用铲凿逐字剔净字内的余木，名字叫"剔脏"。再用月牙形弯口凿，以木槌仔细敲凿，除净没有字处的多余木头。

最后，锯去版框栏线外多余的木板，刨修整齐，叫"锯边"。至此雕版完工，可以开始印刷了。

印书的时候，先用一把刷子蘸了墨，在雕好的板上刷一下。接着，用白纸覆盖在板上，另外拿一把干净的刷子在纸背上轻轻刷一下，把纸拿下来，一页书就印好了。一页一页印好以后，装订成册，一本书也就成功了。

这种印刷方法，是在木板上雕好字再印的，所以大家称它为"雕版印刷"。雕版印刷的过程大致是这样的：将书稿的清样写好后，使有字的一面贴在板上，即可刻字，刻工用不同形式的刻刀将木版上的反体字墨迹刻成凸起的阳文。

同时将木版上其余空白部分剔除，使之凹陷。板面所刻出的字凸出版面一两毫米。用热水冲洗雕好的板，洗去木屑等，刻板过程就完成了。

印刷时，用圆柱形平底刷蘸墨汁，均匀刷于板面上，再小心把纸覆盖在板面上，用刷子轻轻刷纸，纸上便印出文字或图画的正像。将纸从印版上揭起，阴干，印制过程就完成了。

刻板的过程有点像刻印章的过程，只不过刻的字多了。印章是印在上，纸在下，而印书的过程与印章相反。

雕版印刷的印刷过程，有点像拓印，但是雕版上的字是阳文反字，而一般碑石的字是阴文正字。此外，拓印的墨施在纸上，雕版印刷的墨施在版上。由此可见，雕版印刷既继承了印章、拓印、印染等的技术，又有创新。

值得一提的是，由于雕版印刷的出现，还产生了册叶制度，其特点是从一长卷到一单叶。后来的活字印本书与也大多与此相同。

刻书用的木板，一般宽50厘米，高二三十厘米，上边的空白叫"天头"，下边的空白叫"地脚"。一块版所占的面积叫"版面"或"匡郭"，版面四周的黑线叫"版框"，也叫"边栏"或"栏线"，简称"线"，四周单线印的叫"四周双边"，或叫"双边栏"，双线一般是外粗内细，故又称"文武边栏"。

还有一种仅左右印双线的叫"左右边线"或"左右双夹线"。版框上下距离称为"高"，左右距离称为"宽"或"广"，用以表示版框尺寸大小。

一块木版刻一页书，一页书又分两面，中间部分叫"版心"，以版心为中进行折叠，版心上一般刻有书名、卷数，有时也把刻工姓名刻在上面。为了折叠方便，还用了图

案，叫"象鼻"和"鱼尾"。

象鼻处空白或只有一条细线的叫"白口"，线粗或全黑的叫"黑口"。鱼尾有的只在上面有，有的上下都有，这种版式在我国流行了上千年。

在版框两边边栏外的上角，有时有一小方格，称为"书耳"或"耳子"，或称"耳格"，简称为"耳"。书耳上多记书的篇名，即小题，相当于现代铅印书直排本的"中缝"，横排本的"书眉"。其在左的称为"左耳题"，在右的称为"右耳题"。这是为方便阅读翻检而设的。

隋唐时期雕版印刷术的发展，是对人类文明作出的最大贡献，也是促进书籍发展的重要条件。它为后来毕昇发明活字印刷打下了坚实基础，为印刷技术的进步起到了重大促进作用。

拓展阅读

唐太宗执政时，皇后长孙氏收集封建社会中妇女典型人物的故事，编写《女则》。长孙氏写《女则》时非常用心，而且她不想沽名钓誉，只是对自己留下些许交代。长孙皇后去世后，宫中有人把这本书送到唐太宗那里。

唐太宗看到之后，热泪夺眶而下，感到"失一良佐"，从此不再立后，并下令用雕版印刷把它印出来。

当时民间已开始用雕版印刷来印行书籍了，所以唐太宗才想到把《女则》印出来。《女则》由此成为我国最早雕版印刷的书。

印装插图

五代时期的印刷事业在唐代雕版印刷技术的基础上大有发展，印刷地域更加广泛，印刷规模进一步扩大，数量也大幅度增加。随着刻书业的发展和佛教的传播，书籍插图技术也逐步走向成熟。

北宋时期毕昇发明的活字印刷技术，弥补了雕印的不足，在印刷史和书史上具有划时代意义。与此同时，辽金夏时期书业也明显受到中原地区雕版、装帧及插图等方面的影响。元代也在中原制书技术的基础上，在印书品种、活字应用及套印装帧等方面，取得了突出的成就。

五代时期的刻书与插图

　　五代即五代十国，这一时期，印刷事业比唐代大有发展，印刷地区更加广泛，印刷规模进一步扩大，数量也大幅度增加。伴随着刻书业的发展，书籍插图技术也逐步走向成熟。

　　五代十国时期雕版印刷的扩大，体现在刻书地点的增多。当时以开封、成都、杭州、金陵、敦煌、福州最为有名。

　　开封为五代梁、晋、汉、周四个时期都城，都城内设有国子监，有名的《五代监本九经》即完成于此。

　　932年，唐代后期宰相冯道首先倡导刻印儒家经

典。据说他看到当时吴、蜀一带刻印的书籍，虽然种类很多，但多是一般平民百姓所用的日历和一些通俗读物及佛经等，唯独没有儒家经典。于是他上书皇帝，奏请依石经文字刻印《五代监本九经》印版。得到皇帝批准后，冯道让当时的大儒田敏等人，召集国子监的博士儒徒，依照当时最好的官方范本《唐石经》的经文，取六朝以来通行的经注本之注，合编成经、注兼有的经本，再经过六七个以上专家学者的仔细阅读精校，然后请书法高手用端正的楷体写出，再组织工匠雕刻印刷。

这样，从932年至953年，历经22年时间，《五代监本九经》全部完工。同时还刻印了《五经文字》、《九经字样》两种辅助著作，共130册，这是官府大规模刻书的开始。

在《五代监本九经》刻成后两年，即955年，儒学大师田敏又奉命刻印了关于解释经书音义的书《经典释文》。

唐代晚期的这次刻印的《五代监本九经》，因为是国子监印本，后世称为《五代监本九经》，从此，版本学上出现了"监本"这个名词。

《五代监本九经》的问世，使古代经书有了统一的标准本，在当时还允许公开出卖，使《五代监本九经》流布甚广，因而对于文化的普及起了一定的积极作用。同时，自此以后，刻书不再是民间书坊或和尚道士的事，而成为历代朝廷的出版事业，对后世印刷业的发展起了很大的推动作用。

由于朝廷对印刷业的提倡，士大夫私人刻书也多了起来。私家刻书世称"家刻本"。

蜀国的京城成都，在唐代就是刻书业的先进地区，此时更为兴盛。因为这里从唐代末期到宋代初期，70多年没有发生过大的战乱，因而经济发达，文化兴盛，人们对书籍的需要量越来越大，加上又盛产麻纸，印刷技术又有根底，这就为该地区印刷业的发展提供了有利的条件。

当时后蜀的宰相毋昭裔是私人大量刻印书籍的先驱。他命人刻印了诗文总集《文选》和类书《初学记》，还有白居易编的类书《白氏六帖》。

毋昭裔还自己出钱兴办学校，刻印《五代监本九经》，镌刻《后蜀石经》，但未全部完成。在他的倡导下，后蜀文风由此蔚兴。毋昭裔对蜀国文化教育的发展确实作出了不小的贡献。

到了宋代，毋家所刻的书籍，已遍销海内了。正因为如此，宋太祖灭后蜀时，对毋家网开一面，下令把雕版全部发还给毋家。他的子孙继续从事刻书事业，成为成都世代相继的有名的出版家。

此外，前蜀任知玄看到印刷术的优点，也在909年至913年，自己出钱，在成都雇工雕刻著名道士、道教学者杜光庭著的《道德真经广圣义》30卷，五年间雕成460多块版，并印刷出来使其广泛流传。

在成都刻印的还有蜀国和尚昙域。他收集了他的师父禅月大师贯休的诗作1000首，在923年雕印出版，题名《禅月集》。这些都反映了五代时成都印书业的发达，从而为宋代享有盛誉的"蜀本"打下了技术基础。

吴越国的京城杭州，印刷业也相当发达。单是国王钱弘俶与和尚延寿就刻印了大量的佛经、佛像、塔图、咒语，印数可考的就达68万多卷，印数之大是空前的。

吴越国的印刷技术也达到了很高水平，印本纸张洁白，墨色均匀，字体清晰悦目，图画也很精美；还有2万幅印

在素绢上的观音像也是前所未有的，这是我国最早的用丝织品印刷的版画，这些都反映了杭州印刷技术水平之高。

后来，吴越王王妃黄氏所建的西湖雷峰塔倒塌，考古工作者发现塔砖之内藏有《宝箧印陀罗尼经》，为吴越国所刻印卷首有较简略的扉画。此外，考古工作者还发现塔砖内另藏有木刻雕版画，刻有人物故事，较《宝箧印陀罗尼经》卷扉画还要精细。

五代时期，著名词人和凝曾在五代各朝为官，一直做到宰相的高位。其人爱好学习，才思敏捷，长于短歌艳曲，尤重声誉，为此他在自己的家乡山东出版了自己的文集100卷，分送给友人，其作品流传到开封、洛阳一带。

和凝是文学家出版自己作品的第一人，从此刻印私人文集的风气盛行起来。后晋石敬瑭命道士张荐明雕印的老子《道德经》，就是和凝为该书写了序文，并冠于卷首，使其颁行天下。

南唐的京城金陵即今南京，也曾刻印了唐代著名史学评论家刘知几著的史学理论专著《史通》，还刻印了南朝陈徐陵编的诗歌总集《玉台新咏》。

敦煌地处偏僻的河西地区，当时驻守敦煌的归义军节度使曹元忠，于10世纪四五十年代，先后请刻工雕印了单张的上图下文的各种菩萨像、《大圣毗沙门天王像》和《金刚经》、《切韵》、《唐韵》等书。

其中，制作于947年的《大圣毗沙门天王像》，结构紧凑，中心突出，刻画的线条，刚劲而不呆板，豪放而不粗糙，古朴而不庸俗，充分表现出这一时期雕版印刷技术的水平。在该像的题记中，刻有愿文：

归义军节度使……曹元忠请匠人雕此印版，唯愿国安人泰，社稷恒昌，道路和平，普天安乐。

与《大圣毗沙门天王像》同时制作的另一幅木刻雕版画《大慈大悲救苦观世音菩萨像》，除了画面质朴简洁、刻线流畅外，其最大的特点，此画标明"匠人雷延美"所刻。"雷延美"之名，当是古代版画插图史上刻上刻工名的第一人。

《大慈大悲救苦观世音菩萨像》和《金刚经》除印上曹元忠的名字外，还印有当时刻工雷延美的名字，这是古代历史上最早记载的刻书工人。这几种佛像和佛经是迄今传世的写明主刻人和雕印年款的五代时期的珍贵印刷品。

福州地处东南沿海，当时的闽国国王王

审知很重视文化教育，他的大臣徐寅所写的《人生几何赋》，曾被书商刻版印卖，因此他写了"拙赋偏闻镂印卖"的诗句，可见当时的福州已出现了以刻卖书籍为营生的书坊了。

随着刻书业的发展，收藏图书比以前容易了，因而私人和国家的藏书也多了起来。据记载：后梁节度使赵匡凝"颇好学问，藏书数千卷"。后唐大将王都"好囊图书"，家中藏书3000卷。后周张昭积书数万卷，并建有藏书楼。荆南国的学者孙光宪，好学不倦，博通经史，家有藏书几千卷。南唐的3位国君李昇、李璟、李煜都收买图书，兴办教育，"宫中图籍万卷"。吴越国国君钱镠的儿孙都崇信儒学，好藏图书，"家聚法帖图书万余卷，多异本"。所以史称"江南藏书之盛，为天下冠"。

这个时期有成千上万卷的藏书出现，在干戈扰攘时期十分难得，从一个侧面反映了五代十国时期刻书业的发达。五代十国时期的木刻插图也是一大特色。

唐代雕版印刷技术的发明，实际上也是木刻版画艺术的初创期，当时木刻主要服务于宗教的宣传，宗教的大发展使印刷业得以兴盛。至于文学书籍及民间用书中的木刻插图，直至稍后的五代时期才逐步受到应有的重视。

木刻版画原本属于一个独立的艺术门类，但在雕版印刷技术的发明和推广下，木刻版画作品被印刷在书籍之中，从而扩展了书的内容和形式，成为我国古籍发展中的一个亮点。

五代时期，由于印度佛教文化的输入，它对于古代文化产生了很大的影响，而这也恰恰反映在书籍木刻插图艺术之中。

事实上，木刻佛画是五代时期图书方面的重要作品。通过图书中的佛画，将佛教的轮回因果的思想加以形象化表达，并把佛和菩萨的形象与人的性格特征接近化，达到普及民众的目的。

五代时期的图书插图从图式来看，大致上可归纳为两种：一是经卷扉画；二是经典插图。

经卷扉画，即是在经卷之首页，刻印一幅有关佛经的绘画。当时经卷的形式，不外乎卷子本或折子本，这两种本子，几乎都刊有既精致又富有装饰意味的扉画，如西湖雷峰塔《宝箧印陀罗尼

经》扉画等。这种刊有扉画的经卷形式，就成为以后通行的形式。

经典插图是为了更形象地表明佛经故事中的重要场面，表达出经卷的主题意旨，因而在雕刻经卷时，就有重点地描绘出与经卷中有关的佛或菩萨及其弟子们的形象活动。

图书的插图会给人带来更直观的感受，也便于理解书的文字内容。在当时，一般宗教信徒，即所谓"信女"、"善男"，他们之中不识字的就很多，虽然口里念着"经"或"忏"，但是都看不懂经书中写的是什么意义。但是，有了插图，至少可以使一般信徒能了解经卷中的大概意思，所以当插图本的经书一出现时，它那崭新的面貌立刻受到了广大信徒们的欢迎。

五代时期图书插图的形式有四种：一是在一页之中，上图下文；二是在一页之中，左图右文；三是图在书页之中，有圆式或方式，四周则刊印文字；四是不规则的插入。其中一页之中的"上图下文"形式最受民间欢迎。

"上图下文"形式的版式结构，表现为图像与文字分别刊刻在同一

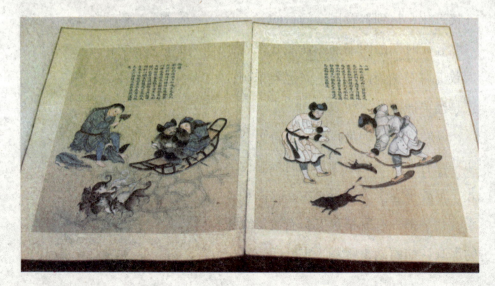

页面的上下不同位置，显示出图像与对应文字之间具有密切关联。这种"图文同步"的形态，后来成了刊刻图文的主流，并且成为了图书配图时普遍遵循的一般性原则。

五代时期的书籍木刻插图，奠定了古代书籍木刻插图的基础，对以后的书籍木刻插图有深远的影响。尤其是当印刷面向文学艺术以及民间日用书籍的出版时，这就给插图开辟了一条广阔的道路。直至明清时期的戏曲、小说木刻插图的大发展，也还是沿用了很多五代时期的木刻插图刊印形式。

拓展阅读

母昭裔是后蜀时一位有识略的谋臣，也是当时颇负盛名的刻书家，酷好古文，精于经术，极嗜图籍，致力于藏书。母昭裔自幼家贫，在艰难的条件下求学苦读，深有所感，立志将来要发展教育事业。

据史书记载，母昭裔年少时，向别人借阅诗文总集《文选》和类书《初学记》的抄本，人家不肯借给他，他十分气愤地发誓说："他日得志，愿刻版印之，以便利天下的读书人。"后来他果然得志，做到了宰相。于是，他组织刻书，实现了自己的心愿。

毕昇发明泥活字印刷术

雕版印制书籍必须是每一种书籍雕一套版，每套版只能印一种书籍。如果印刷新文，就必须再雕一套版。能否克服这种弱点，使之既省工本，又能随意生新，这是摆在当时书籍生产者面前的新课题。

北宋庆历年间，平民毕昇用自己的天才和实践圆满地解决了这个问题，这就是泥活字印刷术的发明。

毕昇从10岁就开始在杭州一家书坊当学徒，经过几

年的努力，已成为一名具有娴熟雕版印刷技术的印刷工人。雕版费时费工，远远不能满足社会需要。怎样克服雕版印刷的弊端，是当时人们极为关心的一个问题，也是毕昇整天苦苦琢磨的事情。

有一天，毕昇在书坊里工作了整整一天，眼看一整块书版就要刻成了，可一不留心，刻坏了一个字。他叹了一口气："今天一天的功夫算是白费了。"可是他实在舍不得扔掉这块书版再重新刻。他坐在书版面前考虑补救的方法。

毕昇先将刻坏的字用刀削去，在这块地方挖一个小方孔，再做成一与小方孔大小吻合的小木片，用胶粘在小方孔里，在上面刻好需要的字。由于他技术好，补得天衣无缝。这件事对毕昇启发很大，由此他联想到那一个个活动的印章，再看看面前的雕版。

毕昇想，如果把书版上那些不能活动的字分割开来，让它们变成一个个可以活动的单个的字，就像一个个的小印章一样，每个小印章

上刻一个字，印一本书，需要用什么字，就选什么字。印刷书籍时，再把这些单个字排成像雕版印刷的书版一样的一整块版。一本书印完后，活动的单个字可以抓下来，印下一本书时还能再用。这样一来，岂不是既节省了材料，减少了刻字工匠们的劳动，又缩短了印书时间吗？

想到这里，毕昇心中豁然开朗，他开始着手制造单个的字。他实验了好几种材料，都不理想。后来，他受到烧制陶瓷的启发，选定了一种黏性很大、非常细软的胶泥，并用这种胶泥做成了一些泥活字。

经过八九年的不懈努力，毕昇终于在1041年至1048年间，发明了胶泥活字印刷技术。试验结果表明，印刷效率大大提高。

关于毕昇发明泥活字印书法，北宋时期科学家沈括在他所著《梦溪笔谈》中有翔实的记载。按照沈括所记，毕昇发明的胶泥活字印刷技术，可分为以下3个主要步骤：

首先是制活字。用一种质地细腻的黏土即胶泥制成活字，一个个像铜钱那样薄的小泥块，像刻图章一样在每一块上刻一个字，放在火上烧过，就成了坚硬的活字。

每字都刻好几个，对于"之"、"乎"、"者"、"也"这些常用字，每字刻20多个，以备排版时一字重复出现时使用。这些活字是活字印刷的基本工具。

其次是排版。先预备一块铁板，上面铺上一层松脂、蜡和纸灰一类的东西，再用铁做一个书版大小的铁范即铁框。印书时，先把铁范放在铁板上，依照书稿把所需要的活字排在范内，排满版后，就把铁板放在火上烘一下，使松脂和蜡稍一熔化，再用平板按压一下，使字面平整。等到松脂和蜡凝固了，这活字就牢固地胶着在版上，排版的手续就完成了。

最后一步，就是在版上施墨印刷。如果要加快印刷，可以用两块铁板替换，一版印刷，一版排字，前一版印刷完毕，后一版就准备好了。这样互相交替着用，既可节省时间，又可提高印刷效率。

印刷完了，再把铁板放在火上烘一下等松脂和蜡熔化，就可以把活字取下来，以备下次使用。

在这一过程中，印刷的3个主要步骤制活字、排版、印刷，已经完全具备了。因此，毕昇的这一发明，虽然还很原始简单，但它的基本原理与现在通行的铅活字排印方法完全相同，对后来书籍的印刷产生了深远的影响。

活字制版避免了雕版的不足，只要事先准备好足够的单个活字，就可随时拼版，大大地加快了制版时间。活字版印完后，可以拆版，活字可重复使用，而且活字比雕版占有的空间小，容易存储和保管。

这样一来，活字的优越性就表现出来了。

毕昇还试验过木活字印刷，由于木料纹理疏密不匀，刻制困难，木活字沾水后变形，以及和药剂粘在一起不容易分开等原因，所以毕昇没有采用。但后代的铜活字、铅活字均由毕昇的泥活字发展而来。

毕昇的胶泥活字版印书方法，如果只印两三本，不算省事，如果印成百上千本，工作效率就极其可观了，不仅能够节约大量的人力物力，而且可以大大提高印刷的速度和质量，比雕版印刷要优越得多。

毕昇发明的这种活字印刷技术，不仅促进了古代图书事业的繁荣，而且从13世纪至19世纪传遍全世界，为世界文化的发展作出了贡献。全世界人民称毕昇是"印刷史上的伟大革命家"。

拓展阅读

毕昇的胶泥活字印刷技术先进自发明以后，在世界上广泛传播。首先传到朝鲜，称为"陶活字"。后来又由朝鲜传到日本、越南、菲律宾。15世纪，活字板传到欧洲。1456年，德国的戈登堡用活字印《戈登堡圣经》，这是欧洲第一部活字印刷品，比我国的活字印刷史晚400年。

活字印刷术经过德国而声速传到其他的10多个国家，促使文艺复兴运动的到来。16世纪，活字印刷术传到非洲、美洲、俄国的莫斯科，19世纪传入澳洲。

宋代书装与辽金夏书业

　　宋代印刷技术的空前发展变，使书籍能够快速大量地生产，反过来又促使了出版印刷业的繁荣和发展，出版者对书籍的装帧形制则越来越重视，引起书籍装帧形式的相应变化。

　　在当时，对印好的书究竟采取什么样的装帧形式？是将它们首尾

相接地粘连起来，而后仍然采取卷轴装式？还是采取其他什么方式？这是装订工人必须认真考虑和要解决的问题。

假如继续采用已有的卷轴装式、经折装式、旋风装式，不但浪费粘连、折叠的手续，也无法适应发展了的社会文化的需求。于是，始于五代时期的蝴蝶装由于其自身优点而被广泛应用。

蝴蝶装也简称为"蝶装"，又称"粘页"。这种装帧的具体办法是，将每张印好的书页，以版心为中缝线，以印字的一面为准，上下两个半版字对字地对折。然后集数叶为一叠，以折边居右戳齐成为书脊，而后再在书脊处用糨糊逐叶彼此粘连。

再预备一张与书页一般大小的硬厚一些的整纸，从中间对折出与书册的厚度相同的折痕，粘在抹好糨糊的书脊上作为前后封面。最后把上下左三边余幅剪齐，一册蝴蝶装的书就算装帧完成了。

这种装帧形式，从外表看，很像现在的平装书，打开时版心好像蝴蝶身躯居中，书页恰似蝴蝶的两翼向两边张开，看去仿佛蝴蝶展翅飞翔，所以称为"蝴蝶装"。

蝴蝶装适应了印制书籍一版一叶的特点，并且文字朝里，版心集于书脊，有利于保护版框以内的文字。上下左三边朝外则均是框外余幅，磨损了也好修理。同时没有穿线针眼和纸捻订孔，重装时也不至于损坏。

另外，蝴蝶装的封面，多用厚硬的纸，也有裱背上绫锦的。陈列时，往往书背向上，书口朝下，依次排列，因书口处易被磨损，所以版面周边空间往往设计得特别宽大。

蝴蝶装从开本的选用、版心的大小、字体和行格、装帧形式、封皮的用料等，都体现了完整的古代书籍装帧艺术。正因为它有这些优点，所以这种装帧形式在宋元两代流行了300多年。

《明史·艺文志序》中说，明代秘阁所藏的书籍都是宋元两代的遗籍，无不精美。它们"装用倒折，四周外向，虫鼠不能损"。这里所谓的"装用倒折，四周外向"，指的就是蝴蝶装。而且是"宋元所遗"，可见宋元时期，蝴蝶装确曾是盛行一时的书籍装帧形式。蝴蝶装的应用，是书籍装帧形制的一大改革。

中原地区先进的印刷技术和图书装帧形式，也影响到了与两宋时期基本同时期的辽、金时期和西夏时期的书籍出版业，而卷轴装、蝴蝶装和经折装在辽金时期的图书中也都出现了。

据考古发现，在宋代出版印刷业逐渐普及的同时，辽代也出现了出版印刷业。比如辽代著名僧人行均于997年编的《龙龛手镜》，辽天祚帝时刻印的医书《时后方》、《百一方》，以及辽代刻印的工程浩大的佛经总集《契丹藏》。

1974年在山西应县木塔四层佛像胸中，发现了一批辽代印刷品，其中刻印年代最早的是990年"燕京仰山寺前杨家印造"的《土生经疏科文》一卷，最晚的为辽天祚帝时刻印的《菩萨戒坛所牍》一书。其

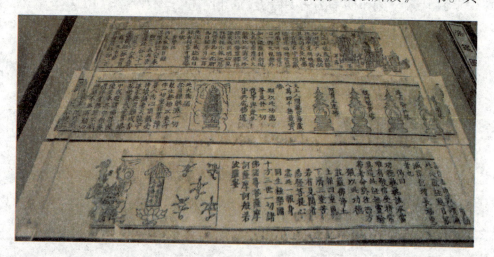

他书籍有《契丹藏》及辽代刻印经卷47件，辽代刻书籍8件，雕印着彩佛像6件，其刻印年代为990年至1121年之间。

在这些印刷品的题记中，有一批辽代燕京的刻印单位，其中有"燕京仰山寺前杨家"、"燕京檀州街显忠坊南颊住冯家"、"燕京悯忠寺"、"燕京圣寿寺"等。由此可以看出，辽代的印刷业已十分兴盛。

辽代最早刻印的书为972年的《尚书》和《经典释文》，《开宝藏》则刻印于971年至983年。而燕京最早刻印的书籍，比北宋时期晚18年，由此可见辽代出版印刷的历史也是十分悠久的。

从这些辽代的印刷品来看，多数为卷轴装，也有蝴蝶装和经折装。有的书籍还经过染潢防虫处理。染潢就是将纸放入黄柏汁中浸染。其中《契丹藏》是最具代表性的辽代印刷品，其纸墨、刻工、装帧都十分的考究。每卷卷首都有图画，代表了我国古代人们对书籍重视插图的优良传统。

在应县木塔中，还发现几件雕版印刷着彩佛像，它是采用唐代雕版方法印刷线条轮廓后，再用手工涂染成彩色。这是距今发现最早的印刷涂彩张贴挂图。反映了这一时期中原彩色印刷技术的成就。

事实上，宋代的彩色印刷技术已经具有了一定的水平，于1160年由南宋朝廷官办、户部发行的货币会子，就采用了"单版复色印刷法"。单版复色印刷法是将几种不同的色料，同时上在一块板上的不同部位，一次印于纸上，印出彩色印张。

这一方法在五代时期就已经出现了。由于当时的雕版印刷开始只有单色印刷，五代时期有人在插图墨印轮廓线内用笔添上不同的颜色，以增加视觉效果。

单版复色印刷色料容易混杂渗透，而且色块界限分明，显得呆板。人们在实际探索中，发现了分版着色，分次印刷的方法，这就是用大小相同的几块印刷版分别载上不同的色料，再分次印于同一张纸上，这种方法称为"多版复色印刷"又称"套版印刷"。这一技术的发明时间不会晚于元代，在明代又获得较大的发展。

1127年，金灭辽，定燕京为金中都，这里成为北方的政治、文化中心。海陵王时的1153年，金代朝廷设立了秘书监和国子监，专门从事书籍的收集、出版和印刷。

金军占领宋都汴京后，又将那里的大批书籍、印版运到燕京，汴京的一批刻版、印刷、装订工匠也来到燕京，使燕京的刻印装力量又进一步扩大。由于金代朝廷的重视，燕京出书的品种大大超过辽代。据统计，金代出版刻印的书籍有经史子集、医学、道藏和佛藏，总计超过200种。

金代的书籍装帧形制，大约与南宋相同，金代的印刷品中卷轴装已很少使用，佛藏和道藏多用经折装，一般书籍多用蝴蝶装。

西夏时期朝廷也比较重视文化教育和印刷方面的事业。西夏政权建立者李元昊通晓汉语，喜欢汉文书籍，他建立学校，创制西夏文字，命人翻译《孝经》和解释词义的词典《尔雅》，供给学校作为课本。由于教育的发展，西夏时期印刷业也随之发展起来。西夏朝廷在都城兴庆，即今宁夏银川设有官营纸工院和刻印司，专门造纸和刻印书籍。

西夏时期刻汉文本很少，刻印最多的是西夏时期文著作和汉文典籍的西夏时期文译本，共约30多种，其中不少刻本还流传至今。西夏时期文本中有军事法典《贞观玉镜统》、格言集《圣立义海》、西夏谚语集《新集锦合辞》和《西夏诗集》以及佛教劝善的诗文等。

汉籍西夏文译本有《贞观政要》的节译本，有包括《列子》、《左传》、《孔子家语》在内的《汉文典籍择译》，有史书《十二国》和兵书《孙子兵法》、《三略》、《六韬》等军事著作。体现了中原儒家文化对周边少数民族的影响，也反映出人民之间的友好关系源远流长。

拓展阅读

典型的宋代版式主要包括下面几部分：边框、中缝、行线、注释及版心的大小。

边框有粗单边，细单边、四周文武边、两侧文武边等几种形式。中缝即一版中心的行格，在古代人的文章中多称为"版心"。宋代凡册页装订的书版，都刻有行线，经折装或其他装订方法的书，则无行线。宋版书注释多为双行小字刻版，开创了古代书籍中注释的排列方法，这种形式一直沿用到现代。

元代书装形式与插图

元代在出版，印刷等方面，有着突出的成就，例如，印书的品种超过前代；木活字的首创和应用，朱墨双色套印书籍以及包背装的推行和广泛应用等。

元代朝廷十分重视书籍的收藏、出版和印刷，编修所、秘书监、经籍所主要从事书籍的出版、印刷和收藏，兴文署、艺文监、广成局、国子监等机构，也从事书籍的出版印刷。朝廷还设立专门的历书编印机构、每年出版印刷大历、小历、回回历3种，印量达300多万册。

由于朝廷提倡京城元大都，即北京民间的印刷业也十分繁荣，他们编印的多为戏曲、话本、诗词等书。

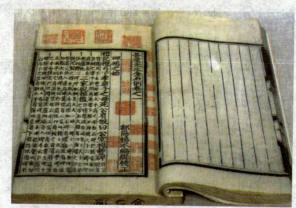

元代首都元大都出版

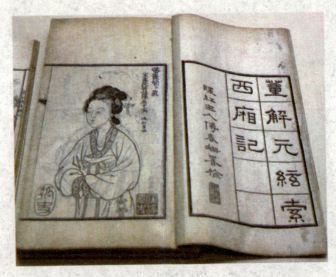

书籍的装帧形式，最初以蝴蝶装、经折装为主，蝴蝶装多用于一般书籍，如朝廷编印的经史类书籍。经折装则多用于佛经。在字体方面则多选用著名书法家赵孟頫的楷书，民间出现的话本中，使用了较多的简化字。

在元代的蝴蝶装书籍中，出现了一种开本较大、版芯较小的书籍装帧形式，这是前代所少见的。如元大德年间刻印的《梦溪笔谈》一书，版面的四边留有很大的空白。两空白面之间垫一张白纸，并与两白面粘连在一起，克服了一般蝴蝶装在阅读时需翻过一空白页的缺点。封皮用硬纸裱以织物。这种装帧形式在古代是很少有的。

元代中期开始，书籍多用包背装。包背装较蝴蝶装有很多优点，一是阅读方便；二是书籍更为坚固耐用。元代包背装是书籍装帧形式的一个重要阶段，它更接近于今天书籍的装帧形式。

色背装的特点，是一反蝴蝶装倒折书页的方法，而将印好的书页正折，使版心所在的折边朝左向外，使文字向人。书页左右两边的余幅，由于是正折书页，故齐向右边而集成书脊。

折好的数十书页，依顺序排好，而后以朝左的折边为准戳齐，压稳。然后在右边余幅上打眼，用纸捻订起砸平。再裁齐右边余幅边沿，再用一整张硬厚整纸，比试书脊的厚度，双痕对折做成封皮，用糊糊粘于书脊，把书背全部包裹起来。剪齐天头地脚及封皮左边。一册包背装的书籍就算装帧完毕了。这种装帧由于主要是包裹书背，所以称为"包背装"。

包背装在翻阅时，看到的都是有字的一面，可以连续不断地读下去，增强了阅读的功能性。

为防止书背胶粘不牢固，采用了纸捻装订技术，即以长条的韧纸捻成纸捻，在书背近脊处打孔。以捻穿订，这样就省却了逐页粘胶的麻烦。最后，以一整张纸绕书背粘住，作为书籍的封面和封底。

元大都印刷的《秘书监志》一书中，记有表背匠焦庆安的打面糊物料配方：黄蜡、明胶、白矾、白芨、藜篓、皂角、茅香、藿香、白面、硬柴、木炭。

焦庆安的配方中，包括了黏合剂、防腐剂和芳香剂三大部分，可见当时书籍装帧的用料是很科学的，它可以使书籍长久保存。

包背装大约出现在南宋时期，盛行于元代，直至清代末期，也流行了几百年。包背装解决了蝴蝶装开卷就是无字反面及装订不牢的弊病。但因这种装帧仍是以纸捻装订，包裹书背，因此也还只是便于收藏，经不起反复翻阅。若是经常翻阅，仍然很容易散乱。

为了解决这个问题，一种新的装订办法又慢慢出现在明清时期并逐渐盛行起来，那就是线装。

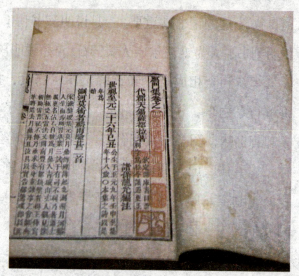

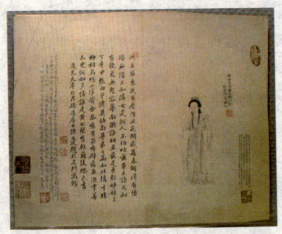

元代的书籍插图也是十分精美的。元代的绘画很发达，突出的是文人画，而插图版画，则在宋金时期的基础上也了一定的发展。

元代的南方刻书业当以浙江的杭州和福建的建宁为发达，当时如《文献考通》，宋、辽、金时期三部史书，西夏文的《大藏经》等，都在杭州刻印。这时期还出现了朱墨套印的雕版图书。

元代的经书、子书如《周礼》、《札记》、《乐书》、《论语》、《孝经》、《荀子》、《道德经》、《南华经》等，或以宋代版重印，或重行刊印，在当时相当可观。有一本《新刊全相成斋孝经直解》，为上图下文式插图本。

《新刊全相成斋孝经直解》有的刊本已流传日本。其结尾题有"时至大改元梦春既望宣武将军两淮万户府达鲁花赤小云石海崖北庭成斋自叙"，这题记非常重要。一是说明该书刊于至大元年，即1308年；二是说明刻书主人为维吾尔族人贯云石；三是说明该书刊于湖广的永州。

《新刊全相成斋孝经直解》18章15页，插图也是15幅，内容全部讲解行孝之事，说庶民百姓要有孝德，天子要行孝治。绘工精致，线条却有拙味，图意与文相合，虽然是元刻但绘的全是汉人服饰。

《事林广记》刊于1340年，共10集，陈元靓撰，为福建建阳郑氏积诚堂刻本，原题《纂图增新群书类要事林广记》。北京大学图书馆有藏本。《事林广记》内容丰富，其中有《耕获图》，写农夫耕种，妇女携孩子送茶水。又如《武艺图》绘卖艺者的精彩表演。还有一幅

《双陆图》，画两个官人正举双陆之戏，旁有侍者两人，画中堂后有一黑犬翘尾出来，增添了画面活跃的气氛。

元代英宗年间刊印建安虞氏"全相平话五种"。是现在所能见到最早讲史道古的话本。这五种平话是：《新全相三国志平话》、《全相武王伐纣平话》、《乐毅图齐七国春秋》、《全相秦并六国平话》和《全相续前汉书平话》。刻工可知的有吴俊甫、黄叔安等。

这套平话上图下文，一面之中，文近三分之二，图占三分之一稍多，图中有小标题，图中人物多注出名字。这是一种大众化的普及本，我国后来的"小人书"即有源于此种方式者。

这套平话，由于插图多，可谓是一种插图集，5种平话计228幅图，绘的场面较大，能突出主要人物。情节概括，清清楚楚，而且偏重于"说明性"。

如《新全相三国志平话》中的"赤壁之战"，这幅插图，对页展示，做横条幅，分三段。前段是孔明借东风，手持宝剑。为了说明风至，不仅人物衣带飘举，两棵大树，树叶都"呼呼"向西；中间一段黄盖带兵在船上进行火攻，风大，火势猛，吹向西边；最后一段是画曹操，因为不堪被火所烧，狼狈逃窜。三段三个主要人物，如孔明、黄盖、曹操都一一注出，令人一目了然。

又如《乐毅图齐七国春秋》，

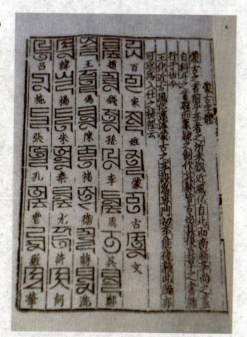

绘孙子说乐毅，画中两人正在对话，二且表情也是一目了然。这样的图式，与文字统一、相配、整齐、明了，这些特点，正给后来的版画插图以很大的影响。有人称之为"我国古本讲史小说的鼻祖"。

元代佛教依然兴盛。当时是儒释道三教并存，而且还信奉基督教。这一时期所刻的杭州雕版《普宁藏》，还有《河西字大藏》和《梁皇宝忏》等都相当工整，而1340年所刻的无闻和尚的《金刚经注》，居然有了朱墨的套印。它们无论从雕版印刷技术还是从插图绘制的要求来说，都是很有意义的。

拓展阅读

小人书又称"连环画"、"连环图画"、"连环图"、"小书"等。广义的小人书可以拓展到卷轴、壁画，以及建筑中的木雕和砖刻等。小人书以连续的图画叙述故事、刻画人物，这一形式题材广泛，内容多样，是老少皆宜的通俗读物。

我国的小人书可以追溯至汉代的画像石，北魏时期的敦煌壁画等。至宋代，随着印刷术的广泛使用，连环画的形式由画像石、壁画向写本、图书转移。有插图的书本大量出现，插图的内容生动地表现了书本的精彩内容，受到读者的欢迎。

书业盛况

明代是我国古代图书出版印刷事业发展的全盛时期。明代图书出版业体系完善，在图书发行、出版管理、官私刻藏、书籍装帧与插图等方面都超过以往且高度发展。标志着我国古代文化事业的巨大进步。

清代图书事业可谓成绩斐然。清代出版系统走向成熟并发挥出更大效能，编印卷帙有繁有简，题目范围多式多样，书籍装帧以线装为主，多装并存，精美插图屡有出现，并遍及各类图书之中。所有这些，都造成了清代图书事业一个前所未有的极盛景象。

明代的图书出版体系

　　明代作为历史上文化高度发达的时期，其重要标志之一就是图书出版业的体系完善。明代图书发行渠道、出版的图书类型、图书价格、图书发行宣传、图书出版管理等方面皆远逾前代，呈现出相当繁

荣的景象。

明代学术环境轻松，所以学术文化得到很大的发展空间，著述日渐丰富起来，科学技术得到进一步发展。这一切都为图书事业的发展提供了良好的文化背景，使得明代图书发行有了更扎实的基础。

明代图书的发行渠道总括起来有如下3种：一是固定店铺；二是集市贸易；三是流动售书。

明代商品经济发达，城镇店铺贸易十分活跃。都城北京作为全国书业中心书铺林立。北京自明永乐建立都城之后，作为政治、经济、文化中心，伴随着刻书事业的迅速发展，固定店铺书售也非常活跃。特别是在正阳门、宣武门琉璃厂一带，书铺林立。

南京的书业也很发达。著名文学家孔尚任的《桃花扇》就有关于南京书铺的记载，由此可见一斑。一个在金陵三山街的二酉堂主人蔡益所自豪地说：

天下书籍之富无过俺金陵，这金陵书铺之多无过俺三山街，这三山街书客之大无过俺蔡益所……俺小店乃坊间首领，只得聘请几家名手另选新篇。

集市贸易是明代城镇店铺售书的补充形式，一般来说都定期举行。比如当时北京有庙市和灯市等。

庙市以城隍庙最为著名，以每月初一、十五、二十五开市。灯市即今灯市口一带，灯市期间包括书籍在内的日用商品列肆于街道的两边。

建阳则每月逢一、逢六共6个集，车水马龙，市井喧嚣。建阳出现了古代书业史上最早的以批发为主的图书集市。

流动售书即四处售书，是指书商或长途贩运或驾驶书船穿横于城市、乡村之间沿途叫卖。比如在苏州、无锡、常熟、湖州一带，一些书商利用江南水乡的便利条件，驾着一叶书舟，贩销于大江南北，不受时空限制，开拓图书市场。这些贩书船深受藏书家和读者欢迎，或待之如宾。

明代用于出版的图书类型特别丰富，图书市场上除《经史子集》四大部类外，用于出版的图书类型主要有通俗小说、八股文选本、日用类书，以及经商用书等。

通俗小说始于宋元时期的话本，明代进入繁荣发展期。从嘉靖年间起通俗小说逐渐成为畅销书。如《三国志通俗演义》、《韵府群玉》、《青楼韵语》等，声价籍籍一时，海内争相购赏。

关于八股文选本，明代推行开科取士科举制度，考试专以"四书"、"五经"命题。许多书坊看中这一市场机会，重金聘请文人从"四书"、"五经"的内容中各选出一二百个题目，每个题目做八股文一篇刊刻成册，即为明代中后期在市场上十分流行的八股文选本。如明万历末年，江西的陈际、艾南英等文人的八股文选本，曾经风行一时。苏杭一带的书坊，常常花重金聘请他们选文。

日用类书是民间普通大众适用的日用参考书，其内容庞杂，天文、地理、旅游、交通、养生、卜验等均包容其中。

经商用书则是以商业经营为主要内容，包含商业经营思想、商人职业道德、经营方法等。在当时，以《万宝全书》为书名的经商用书就有近10种。如《华夷风物商程一览》、《士商类要》、《客商一览醒迷》、《士商要览》、《商贾指南》等书，尤为商人们青睐。

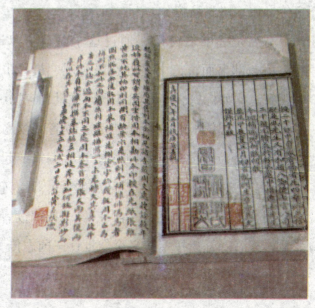

明代书价与前朝相比相当便宜，明代的刻本、宋刻本、抄本，它们的价格都很低廉。比

如：明代刻本《新刻搜罗五车合并万宝全书》34卷，8册；明代官员葛寅亮撰《金陵梵刹志》53卷；著名小说家许仲琳撰《新刻锺伯敬先生评封神演义》20卷，100回；崇祯年间存仁堂陈怀轩刻本《新刻艾先生天禄阁汇编采精便览万宝全书》37卷，5册；《南华真经》，宋版，5本等。

明代注重图书发行宣传，以吸引读者，提高发行量。一般来讲，其宣传策略和方法包括：巧取书名，吸引眼球；利用"识语"，招徕读者；刊登书目，传递信息；创"评林体"，独具匠心；宣传形象，树立品牌。

书名是一书之窗口，通过这个窗口可以透视全书五彩缤纷的内容。就一部书而言，书名处在最直观、最显眼的位置，最先进入读者的视野。比如标榜刊印时间和刊印质量，宣扬版本之可靠等。

所谓"识语"，一般是指为了读者阅读之需要，在图书封面、扉页、卷首等位置简单介绍创作主旨、编辑缘起、版本流传、刊刻特色等内容。一般篇幅较短，因其位置醒目，具有较好的宣传作用。

明代书商常常利用"识语"广告，招徕读者。如1592年余象斗双峰堂刊本《音释补遗按鉴演义全像批评三国志传》，其"识语"说道：

本堂以诸名公批评、圈点，校证无差，人物、字画各无省陋，以便海内士子览之，下顾者可认双峰堂为记。

这条宣传文字，重点突出了余氏刊本的精善和能满足读者需要的特色，因而起到了很好的广告作用。

明代书商还刊登书目广告，传递出版信息。如1522年北京书商汪谅刻《文选注》，目录后列有14种书的书目广告。

评点是古代文学批评的一种重要形式，始于南宋时期，至明代，评点之风尤盛。其基本类型主要有"文人型"、"书商型"和"综合型"。其中，书商型评点是以追求图书传播商业效果的评点类型，以商业求利为目的的书坊主，能够迎合普通读者的需求。

所谓"评林"，是将评语"集之若林"之意。就"评林体"的内容而言，其评点多是有关小说中人物及其行为的道德评判。

这类评点或是对英雄、帝王的赞美，或是对昏君、乱臣的唾骂，或是对孝子节妇的褒扬，或是对奸夫淫妇的鄙弃，符合正统的道德审美标准，抓住了读者的心理，故其评点本才有更好的阅读市场。

就"评林体"的刊刻形式而言，"上评、中图、下文"的版式具有较好的广告效果。将

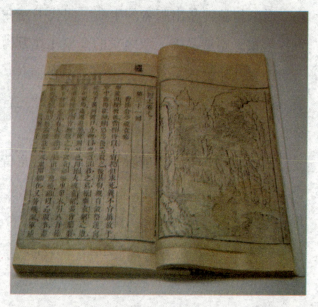

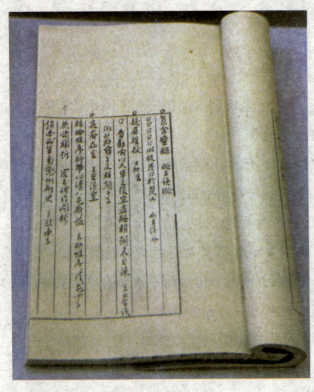

评点话语单独置于一栏并放在最上层，突出了评点的位置，并且方便了读者的阅读。中间的插图，则生动形象地向读者展示了故事情节，极似后来的连环画，不停地吸引读者的眼球。

"文之不足以评补之，评之不足以图补之"，上评、中图、下文的版式使得读者可以在评语、插图、正文之间反复阅读，加深印象。

形象和品牌是出版者的生命。明代书商在图书广告中，时时不忘宣传形象，塑造品牌。双峰堂的余象斗在万历年间刻本《锲三台山人芸窗汇爽万锦情林》6卷，就做了这样的宣传。此书扉页的屏风插图上有"三台馆"三个小字，该图表现的是"三台馆主人"批阅《万锦情林》的情景：

上栏有一人安坐，前置书桌，旁有两童侍立，疑为余文台写照。下方并列《汇锺情丽集》、《汇三妙全传》、《汇刘生觅莲》、《汇三奇传》、《汇情义表节》、《汇天缘奇遇》、《汇传奇全集》7种。

旁又有3行小字写道："更有汇集诗词歌赋、诸家小说甚多，难以全录于汇上。海内士子买者，一展而知之。"余象斗将自己的画像印在版画上，上下左三处配以刻书堂名、书名，以及本书主要内容，构成了一幅很好的图书形象广告。

明代图书广告艺术可谓花样翻新，风格各异，精彩纷呈。是古代图书艺术丛林中灿烂的一枝。

明代对图书出版的管理，主要表现为对违碍国家的图书加以禁止印卖流通。明代禁天文图谶、妖言之书等。

1737年颁发的《大明律》规定：

> 凡私家收藏玄象器物、天文图谶应禁之书及历代帝王将相、金玉符玺等物者杖一百……凡造谶纬、妖书、妖言及传用惑众者皆斩。

明代禁亵渎帝王圣贤的词曲、小说。被禁的小说有《剪灯新话》和《剪灯余话》等，皆因其中有大量的反封建意识，对当时的政权不利。1411年明代朝廷命各地发布榜文："但有亵渎帝王圣贤之词曲、驾头杂剧非律所该载者敢有收藏、传诵、印卖一时拿送法司究治。"

明代朝廷规定，官府刻本只准翻刻不准改刻。如建阳书坊鱼龙混杂，所刊书籍良莠不齐。为了加强管理，按察司对建阳书坊业进行处理，颁发了一批官刻"四书"、"五经"的标准本，又命建

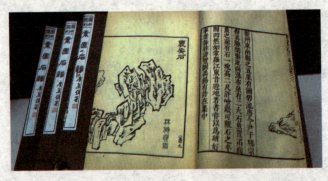

阳知县严督照式翻刊，方许刷卖。如发现问题，"追版划毁，决不轻贷"。

明代图书出版体系独具特色。在这一体系中，官方在诸如图书价格政策的制订、图书出版管理等方面占据主导地位，民间书商虽然处于从属地位，但其运用广泛的发行渠道和多样的宣传手段，从数量质量两方面提高了图书的出版水平，促进了书业的繁荣乃至整个社会的进步。

拓展阅读

余象斗，福建建安人。明代后期书坊刻书家、书商、小说家。研究我国雕版印刷史和小说史的人都知道他。

余象斗作为明代末期著名出版家，其刻书活动有如下4个特点：一是自编小说，发挥文人特长。余象斗编纂的通俗小说可分为历史演义、公案小说和神魔小说；二是种类齐全；三是上图下文、图文并茂；四是广告缤纷，善于招揽顾客。他所编印的书，品种多，数量大，为出版事业贡献了毕生精力。

明代书籍装帧与插图

　　明代的书籍装帧，是历代集大成者。书籍的开本大小、开本比例形式多种多样，历代的书籍装帧形式，都有使用，而工艺方面则更为考究。

　　明代北京所印书籍的装帧形制，以司礼监的经厂本最有代表性。它所印的经史类书籍，版面行格疏朗，字体楷书端正，大黑口、双

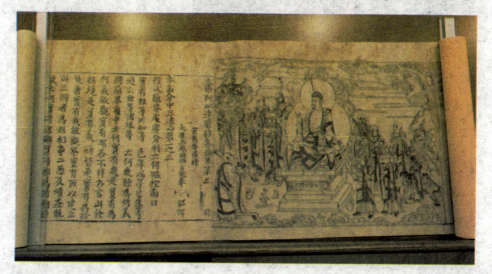

鱼尾、注释用双行小字，多采用包背装。藏书家多称"监书天下第一"。比如北京经厂印刷的《大统历》，有两种装帧形式，一种是包背装，一种是经折装，印刷有墨印和蓝印两种。

凡经厂所印的各种书籍，封皮用料有几种不同的档次，以黄绫裱纸包皮者，多供宫廷使用；以素色绫绢裱皮者，多供官员使用；以厚纸包皮者，可供一般官员使用或向民间出售。

经厂印装的"北藏"《大藏经》，为经折装，长约三四十厘米，封皮用硬纸裱以黄绫及各色彩绫，其装潢十分考究，视觉效果非常好。

明代北京的巨帙写本书《永乐大典》，共11095册，书高五六十厘米，宽三四十厘米，为历代开本最大的书，也近似于"黄金比例"。

该书为包背装，封皮裱以黄绫，是历代书籍装帧中最为壮观者。

线装是明代兴起的一种新型书籍装帧形制，也是古代最完美的一种书籍装帧形式。

线装书的加工流程为：折页、配页、撞齐、订纸捻、配封皮、三面裁切、打眼、穿线、包书角等。明代线装书的封皮，多数为纸面，选用较厚的

纸，或几层纸滚贴而成。

较为考究的书皮，则在厚纸上滚以布、绫、锦、绢等织物，包角是在书的订口上下两角裁切边处贴以细绢，以使其美观坚固。有的书还有书根，即在书的下切口靠订口处写上书名及卷次，以便于阅读时查找。

线装的订眼是为了穿线，随书的开本大小和设计要求，有四眼、六眼、八眼不等。订线多用白丝线穿双道，书要压实，线要拉紧。

明代藏书家孙从添在《藏书纪要》写道：

> 订线用清水白绢线双眼订结，要订得牢揪得深，方能不脱而紧，如此订书乃为善也。

线装书的封皮文字称"书笺"，只有书名和卷次，印或写在长条纸上，贴于封面的左上角。扉页所载内容较详细，有书名、出版印刷者名、出版年代等。更详细的出版情况，多印于书后。

有些朝廷出版的书籍，还在书的第一页或封面盖有印章。最有代表性的是经厂印刷的《大统历》，不但盖有朝廷公章，并有朝廷文告，申明不得私自翻印。

明代的书籍装帧还包括函套，以便将一部书的各册包装为一个整体。函套多用厚纸板外裱以蓝布，也有用绫锦者，随书的大小、厚度而制。函套的形式有两种。一种是四面包裹，露出书的上下口，称"半包式"；而另一种则是将书的6面全部包裹起来，称"全包式"。

除厚纸布面函套外，还有夹板和木匣两种外包装。夹板式是用两片与书同大小的木板，夹于书的上下，再用布带捆牢。木匣则是按一部书的大小，制成木匣，将书装入。

明代书籍中还有一种书页内衬纸的装帧形式，这多用于较薄的纸张。当时使用宋代制作的螺纹纸，薄如蝉翼，透印清晰，衬纸后不但克服了透印现象，也增加了书页的强度。

明代由于印刷和刻版技术的发展，为书籍的装帧艺术提供了良好的条件，其中的插图艺术更是又上一层楼。

古代书籍的插图艺术，有着优良的传统。明代书籍的插图艺术达

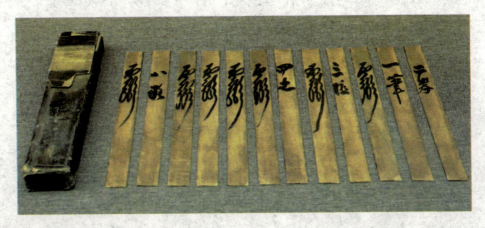

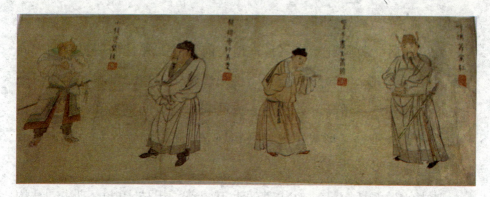

到较高水平。在民间刻印的戏曲、话本中，使用较多的雕刻精美的插图；官方出版的科技书、医学书、方志书中，也使用了较多的插图，特别是在宫廷使用的启蒙读物中，出现了短版彩色印刷的插图。

明代刻书的插图版画，从形式到内容，从质量到数量，从绘画到雕印，均臻完美，达到了黄金时代。

明代前期的版画作品，表现出一个共同特点，这就是自然奔放。其原因就是这时的刻工、画工很可能多由一人兼任。插图版画上的人物须眉及衣裙皱折等，尚有极为明显的以刀代笔的痕迹。特别是阴刻的线条，刻工信手所镌的迹象很清楚。

恰恰因为如此，明代前期版画在发挥线描、强调阴刻及版面的黑白对比上，都有大胆的创新，使版画艺术迈出了新的步伐。

明代中期以后，伴随着资本主义的萌芽，城镇居民急剧增加。适应城镇居民精神文化生活的需要，戏曲、小说层出不穷。为了使这些戏曲、小说更加富于形象化，根据戏曲、小说中的人物、场景和情节，绘制雕印的插图也越来越丰富多彩。

特别是嘉靖、隆庆以后，带有丰富插图版画的戏曲、小说，不但数量多，质量和艺术水平也有很大的提高。仅就现代著名学者郑振铎主持完成的5集《古本戏曲丛刊》而言，其中所收的明代版画就有3800

余幅。

万历以后，版画开始突飞猛进地向前发展，并且创造了新的方向与新的道路。北京、金陵、徽州、杭州、建安等地，刻书和雕印版画一方面百花齐放，争奇斗妍；另一方面同一地区的刻书和和版画风格又渐趋一致。于是又形成了以地域相划分的不同流派，如金陵派、徽州派、建安派等。

其中的徽派插图，一改往时的大刀阔斧、粗枝大叶的刀法，结构松散疏落的构图，形成了婉丽纤细的风格。

比如，黄玉林刊印的《仙媛记事》插图、黄应光刊印的《乐府先春》，以及后来黄肇初刊印的《水浒叶子》、黄建中刊印的《博古叶子》等，都以独具匠心的构图方式，栩栩传神的人物形象，巧妙协调的场面和布景，隽秀流畅的刀法，墨色匀称、对比鲜明而又明暗自然的印工，把版画艺术推向了高峰。

在这种版画艺术高度发展的基础上，套印技术也进入这块园地。

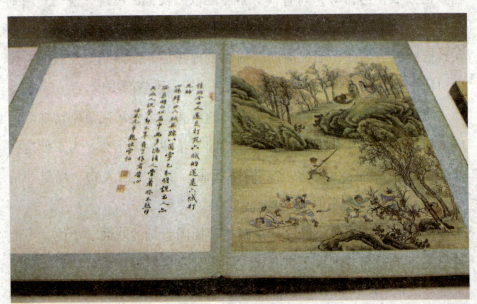

像程大约彩色套印的《程氏墨苑》，是早期的一版多色敷彩套印的作品。

至天启、崇祯时，当时多才多艺的武英殿中书舍人胡正言，心灵手巧的吴发祥等进一步创造了"饾版"和"拱花"的技法，为雕版印刷，特别是版画艺术，开辟了广阔的新天地。

所谓"饾版"，就是将彩色画稿按不同颜色分别勾摹下来，每色雕刻一块小木板，然后依次套印或叠印，最后形成一幅完整的彩色版画。这样的作品，其色彩的深浅浓淡、阴阳向背，几乎与原作无异。

北京荣宝斋的木版水印，就继承并发扬光大了这种技法。如荣宝斋所印《韩熙载夜宴图》，据说就雕有1000多块大小不等的画版，这种画版，有如饾钉，所以称为饾版。

所谓"拱花"，就是用凹凸两版嵌合，使纸面拱起鸟类的翎毛、大自然的山川、天空的行云、地上的流水、庭院的雕栏、室内的几案等，富有立体感，使人看去更觉真实、自然。这种技法的特点，就是使印纸拱起花纹，所以称为拱花。将这两种技法结合在一起运用，就称为"饾版拱花"。

蜚声中外的《十竹斋笺谱》、《画谱》及《萝轩变古笺》，用古妍绚丽的色彩，明快流畅的刀法，精湛自然的饾版拱花套印技术，在古代版画史上独树一帜，引导版画艺术向新的境界发展。

这一时期的书籍插图艺术还有个新特点，即当代的名画家与当时的名刻手，能相互配合，紧密合作。例如，画家在作画时就考虑到画的特点而调整自己的线描，刻手在操刀施刻时也注意保留画家的风格与技法，因而在明代晚期产生了一批不朽的版画作品。

诸如：《顾氏画谱》，记录了自东晋大画家顾恺之，直至明代画家孙克弘、王廷策等人的丰富多彩的画法和创作风貌；明万历年间藏书家、刊刻家黄凤池手辑的《雅集斋画谱》，提供了山水、花鸟等各方面的画法与技法；《诗余画谱》出于徽派名工之手，一图一词，相映成趣；著名画家陈洪绶画的《九歌图》、《鸳鸯冢》等，更给明代晚

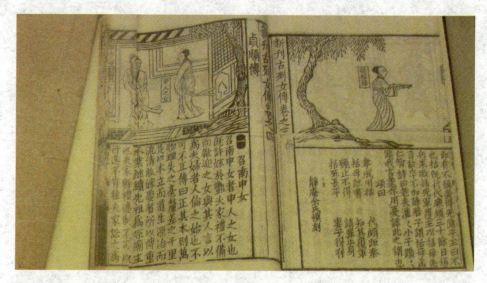

期的图书增添了无限光彩等。

　　总之，明代的书籍装帧与版画插图，代表了明代图书制作的最高工艺水平，体现了华夏文明的进步，在古籍发展历史上占有重要地位，并产生了深远影响。

拓展阅读

　　陈洪绶是明末清初书画家。当时是古代版画的黄金时代，陈洪绶独霸人物画坛。所作版画稿本，主要是书籍插图用，著名的有《九歌图》及《屈子行吟图》20幅、《水浒叶子》40幅、《张深之正北西厢》6幅、《鸳鸯冢娇红记》4幅，以及他逝世前一年所作的《博古叶子》48幅等。1638年，陈洪绶的《九歌图》被作为插图，付诸木刻，影响极大。

　　陈洪绶所创作的屈原像，至清代两个多世纪，无人能超过，被奉为屈原像经典之作。

清代的图书出版系统

清代的图书出版包括官刻系统、私刻系统和坊刻系统，各个刻书系统都在编印卷帙繁简不等、题目范围多式多样的丛书和类书。

清代朝廷改变了明代由司礼监经管刻书的制度，官刻主要由宫中武英殿承担，在武英殿设置修书处，专掌修书、刻书之职。虽然内府仍有其他机构也刻印书籍，但武英殿刻书则成为清代朝廷官刻书的主要代表。

武英殿于1680年设立，

最初为武英殿造办处，后改名武英殿修书处。据《大清会典》记载：

> 修书处下分设监造处、校对书籍处。监造处专掌监刻书
> 籍，再分设铜字库、书作、刷印作。校对书籍处负责书籍付
> 印前、后之文字校正工作。

武英殿承刻书的范围很广，内容种类繁多。大致包括清代皇帝的著作、前朝的各类著作，以及方略、纪略，字书、类书、丛书、诗文集等。

清代皇帝的著作包括圣训、圣制、御纂、御制、敕命之书，还有一些书籍，是皇帝授命臣下编修的，因而冠以钦定、奉敕之名。如《资政要览》、《内则衍义》、《圣祖御制诗集》、《钦定十三经注疏》、《钦定二十四史》、《十三经》、《二十一史》等。

前朝的各类著作包括经史著作、科学、文学等各类研究成果，均由朝廷重加刻印颁行。如《通典》、《通志》、《文献通考》、《五经》、

《论语集解注疏》、《补刊通志堂经解》等。

方略、纪略著作指的是清代军事要闻，每次军事告成，必定编纂成书，纪录始末，称方略或纪略。每事以编年为序，原原本本纪录事情的全部经过，付诸刊行。如《平定准噶尔方略》、《平定两金川方略》、《钦定平定台湾纪略》等。

字书、类书、丛书，是为了加强民族之间的融合而大量编纂的汉族、满族、蒙古族等各民族文字用书。其中最著名的是卷帙浩繁、收录4.8万余汉字的《康熙字典》。此外还有《古今图书集成》、《四库全书》等。

诗文集的刻印，有清帝及朝臣之作如《皇清文颖》124卷，有唐宋元明时期诗集之刊印。还刻印有《历代赋汇》、《历代诗余》等著述，以及《全唐诗》900卷。

清代地方官刻有金陵官书局、浙江官书局、四川官书局、安徽敷文书局、山西官书局、山东官书局、直隶官书局等。这些书局虽以重兴文化为名，但所刊刻的书籍，多是御纂、钦定的本子。

其中经史居多，诗文次之。同时，为了迎合一般读者的需要，所

刊刻的普通读物，定价低廉，求
之较易，这些都是官书局刻书的
特点。官书局刻书，是清代后期
地方官刻书的重要代表。

清代的雕版书籍，以私家刻
书最有价值。大体上可分为两
类：一类是著名文人所刻自己的
著作和前贤诗文，这类书大都是
手写上版，即所谓写刻本，选用
纸墨都比较考究，是刻本中的精
品；另一类则是考据、辑佚、校
勘学兴起之后，藏书家和校勘学家辑刻的丛书、逸书，或影摹校勘付
印的旧版书。

私家刻书精本佳刻迭出不穷，而且在考据、校勘、辑佚学兴起之
后，为适应其需要，才刻印了大批丛书、逸书和旧版书籍。其中各式
各样丛书的出现是清代图书印刷事业的特色之一。

清代的坊间刻书更为兴盛，刻书数量很大。历史比较悠久的是扫
叶山房。创设于明代后期，最初设在苏州。刻印经、史、子、集四部之
书，以及笔记小说、村塾所用经史读本，多达数百余种。刻印字画清
晰，惠及村塾蒙童。

清代坊刻事业十分活跃，许多民间大众读物，诸如小说、戏曲、
唱本、医方、星占、类书、日用杂字等，多由这些书坊刻印出版。反
映了民间的生活、社会风俗习惯的资料，也从这些书中可以找到。虽
然书肆多重营利，往往因降低成本，影响书品质量，不如官刻、家刻

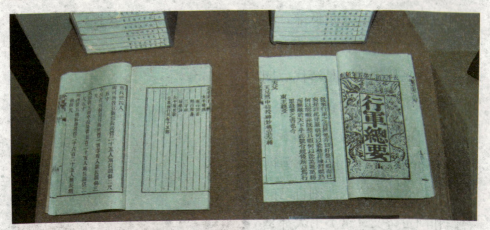

版本精美。但是它在繁荣市场、普及文化教育方面所作的贡献是不容抹杀的。

　　总之，清代的官、私、坊各个刻书系统都在编印卷帙繁简不等、题目范围多式多样的丛书、类书。这类书籍的刻印流传，对于发展传统学术研究、保存古代文化遗产，都起了非常重要的作用。

拓展阅读

　　清代翰林院所修各书，一般由掌院学士担任正副总裁，编修、检讨以上担任纂修官或提调官，庶吉士间或担任纂修官，典薄、待诏、孔目担任收掌官，笔帖式担任誊录官，间或担任收掌官。

　　例如三通馆编《清代通典》、《清代文献通考》等书，总裁为掌院学士4人，纂修兼总校为侍讲学士7人，纂修兼校对官为侍讲学士等34人，提调官为检讨2人，收掌官为笔帖式2人，满纂修官9人。这些人员基本定额，不足便择人兼任其职。